32款步驟簡單、
味道不簡單的私藏食譜

世界一流職人的
磅蛋糕

CONTENTS

全部的食譜都是用2個18cm磅蛋糕模具製作的分量。

在開始製作磅蛋糕之前

・1小匙表示5㎖，1大匙表示15㎖。

・烤箱的溫度設定及烘烤時間會隨機種與烤箱容量而異。
　家用烤箱建議以比烘烤溫度高20℃的溫度預熱，放入蛋
　糕後再將溫度調降為烘烤溫度。

・沒有特別記載的話，常溫指的是20～25℃。

製作本書蛋糕的職人簡介

想要送份重要的禮物時，
一定會挑選這位職人製作的甜點。
本書的職人全都是致力於製作
甜點的一流職人。
為了讓一般家庭也能重現名店的味道，
在分量及製作流程上都下了工夫。

皮耶·艾曼　PIERRE HERMÉ

於法國的阿爾薩斯地區出生。14歲時開始在
「Lenôtre」修業。1998年創立「PIERRE HERMÉ
PARIS」，在東京·赤坂的新大谷飯店內開設第一
家甜點專賣店。2001年在巴黎也開了店。2007年獲
頒法國榮譽軍團勳章騎士勳位。目前事業已擴展至
全球的15個都市，並以國際甜點協會「Relais
Desserts」的副會長身分活躍於業界。2016年獲得
「全球50家最佳餐廳」的「最優秀甜點師傅」獎項。

阿斯特克蛋糕（p.12）

安食雄二　YUJI AJIKI

曾於神奈川·葉山的「鴫立亭」任職，之後進入新開
幕的橫濱皇家花園飯店工作。1996年獲得比利時
「曼德瑞恩拿破崙國際盃」甜點大賽冠軍。1998年
起在東京·自由之丘「Mont St. Clair」擔任副主
廚、2001～08在「DÉFFERT」擔任甜點主廚，於
同年創立「SWEETS garden YUJI AJIKI」，成為
老闆兼主廚。

週末蛋糕（p.30）、柳橙蛋糕（p.34）、格里奧特櫻桃巧
克力蛋糕（p.40）

和泉光一　KOICHI IZUMI

以東京・成城「成城阿爾卑斯（Seijo Alpes）」為修業起點。2000～09年擔任東京・調布「Salon de Thé CERISIER」的甜點主廚，之後在2012年於東京・上原開設「ASTERISQUE」，身兼老闆與主廚。除了2005年擔任日本代表，在世界巧克力大師賽獲得綜合排名第3名之外，還擁有豐富的得獎經歷。

卡特卡（p.16）、紅茶蛋糕（p.20）、大理石蛋糕（p.22）、焦糖栗子蛋糕（p.24）、咖啡風味杏仁蛋糕（p.42）、紅色開心果蛋糕（p.50）

金子美明　YOSHIAKI KANEKO

1980年進入東京・池袋「Lenôtre」工作。1994年在千葉「Restaurant PACHON」、1997年在代官山「Patisserie Le Petit Bedon」擔任甜點主廚。1999年赴法，在巴黎「Ladurée」、「Alain Ducasse」以及諾曼地和不列塔尼地區修業。回國後於2003年開設「Patisserie Paris S'eveille」。2009年起成為老闆兼主廚。2013年在法國・凡爾賽開設「Au Chant du Coq」。

水果蛋糕（p.26）、巧克力蛋糕（p.38）

橫田秀夫　HIDEO YOKOTA

曾在東京王子大飯店、東京・銀座「Patisserie de L'ecrin」、東京全日空飯店工作，1994年～2004年在東京凱悅花園酒店任職行政西點主廚。同年在埼玉・春日部開設「菓子工房 Oak Wood」，身兼老闆與主廚。甜點大賽的得獎經歷也相當豐富。2005年獲厚生勞動省頒發「現代名工」勳章。洋菓子協會公認指導員。

抹茶蛋糕（p.36）

奧田 勝　MASARU OKUDA

曾於品川王子大飯店、東急凱彼德大飯店、太陽城王子大飯店任職，1990年進入DALLOYAU JAPAN工作。1992年赴法，在「Le Trianon」等店修業。1993年回國後在「SUCRE D'ART」等店修業，1997年以甜點主廚身分受聘於藍帶學院。2000年～14年在神奈川大倉山經營「Coeur en Fleur」。目前在製菓學校擔任講師。

裸麥果仁糖蛋糕（p.46）

吉野陽美　AKIMI YOSHINO

大學畢業後一邊從事空間設計工作，一邊經營甜點教室，並在藍帶國際學院代官山分校等地學習製作甜點。離職後於2010年在東京‧西荻窪開設充滿紐約風格的烘焙甜點專賣店「Amy's Bakeshop」，身兼老闆與主廚。除了每日更換的8種磅蛋糕之外，也販賣杯子蛋糕和馬芬等等。

胡蘿蔔蛋糕（p.54）、櫛瓜蛋糕（p.58）、香蕉蛋糕（p.60）

森岡 梨　ARI MORIOKA

從小就熱愛製作甜點和麵包，美術大學畢業後便前往美國紐約的甜點學校及餐廳修業。回國後在咖啡廳任職，2003年在東京‧南青山開設甜點專賣店「A.R.I.」，身兼老闆與主廚，專賣美式風味的馬芬、餅乾及蛋糕等等。

香甜蛋糕（p.62）、新鮮莓果蛋糕（p.64）、香橙蛋糕（p.65）、蘋果蛋糕（p.66）、美饌蛋糕（p.68）、香草蛋糕（p.71）、蒜香蛋糕（p.72）、鮭魚乳酪蛋糕（p.73）

山本次夫　TSUGIO YAMAMOTO

高中畢業後進入帝國飯店工作，1975年遠赴歐洲，在瑞士因特拉肯的Hotel Beau Rivage、日內瓦的Hotel Des Bergues修業。曾在加拿大的Banff Springs Hotel擔任甜點主廚。回國後在銀座的「Perignon」、「Catherine」擔任主廚，並協助青山的「KIHACHI」開店。1988年在橫濱開設「April de Bergue」。至2014年皆是老闆兼主廚。

罌粟籽史多倫（p.76）、融岩巧克力蛋糕（p.80）、舒芙蕾乳酪蛋糕（p.82）、麵包布丁（p.84）

笠岡喜一郎　KIICHIRO KASAOKA

1956年在東京‧三鷹悠靜住宅區一隅開業的和菓子店「和菓子司末廣」（現‧末廣屋喜一郎）的第二代。承襲著上一代以戰前方式製作和菓子的技藝，同時也不斷藉由書籍和資料學習專門知識。包著講究餡料的銅鑼燒擁有眾多粉絲。在本書中介紹用磅蛋糕模具製作的和菓子。

葡萄乾卡斯提拉（p.86）、栗子浮島（p.88）、輕羹（p.90）

製作磅蛋糕
成功的3大重點

製作磅蛋糕要先從準備工作做起。
若能在製作前先確實做好準備工作，後續流程才能順暢進行，不致於手忙腳亂，也會降低失敗的機率。
這裡列出邁向成功第一步的3大重點。
看過食譜、掌握流程之後，就可以開始製作蛋糕了。

1 準備用具

請依照流程將必要的用具備齊，保持在隨時可用的乾淨狀態，並集中放置於一處備用。

電子秤
建議選用以1g為單位、最大秤量1kg的產品。附有扣除容器重量、計算淨重的「歸零」功能，使用起來會更方便。

多用途濾網
將粉類過篩或過濾液狀材料時的必需品。比專用的粉篩更好清理，用途也更廣泛。

L型抹刀
帶有角度，所以在抹平麵糊或塗抹奶油等時候更容易操作。

手持式電動攪拌器
可以快速完成打發作業。便宜的產品其實就很夠用了，但要挑選可分成3段以上調整速度、攪拌頭大一點的比較好。

擠花袋&擠花嘴
把麵糊分成數次填入的話很容易變質，所以請選擇尺寸大一點的擠花袋。拋棄式的擠花袋比較衛生。擠花嘴有許多種形狀和尺寸。本書中使用的是直徑1cm的圓形擠花嘴。

溫度計
巧克力、水、牛奶等使用100℃的溫度計即可，沸點更高的糖漿等則必須用到附保護套的200℃溫度計。

蛋糕刀（鋸齒刀）
容易碎裂的蛋糕或容易變形的甜點，必須用鋸齒刀才能切得漂亮。建議選擇刀刃長度在30～35cm的刀子會比較好用。

橡皮刮刀

打蛋器　　　　　木鏟

打蛋器、攪拌用刮刀
打蛋器請使用鋼絲條數多、接合部分牢固、有彈性的產品。長度建議在30cm左右。橡皮刮刀以能耐高溫的矽膠製品較為耐用而且衛生。木鏟最好準備不易吸附味道的烘焙專用製品。

網架（蛋糕冷卻架）
用來放置剛出爐的蛋糕，讓蒸氣散發、快速冷卻的帶腳架金屬網。網目細一點的比較穩固。烘烤小型甜點時也很好用。

粗棉手套、拋棄式透明手套
粗棉手套是在把烤好的蛋糕從烤箱取出或脫模時使用。建議重疊套上2層使用。把蛋糕浸入糖漿的時候用拋棄式手套會比較方便。

2 準備磅蛋糕的模具

磅蛋糕的模具準備是影響成功機率的重要關鍵。
製作磅蛋糕時最先進行的就是這個步驟。

事前準備 A ● 鋪入紙張

chef ● 金子美明、安食雄二、和泉光一、
横田秀夫、吉野陽美、山本次夫、笠岡喜一郎

最常見的方式就是在模具內側鋪入紙張。
要先仔細測量模具內部尺寸再將紙張裁切成正確的大小。
由於尺寸誤差是導致蛋糕變形的原因，所以千萬不能馬虎。

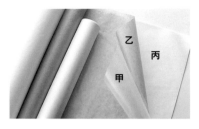

鋪在模具裡的紙，一般是使用
烹調紙（矽樹脂加工的紙。**甲**）、
烘焙紙（氟素樹脂加工的製品。可重複使用。**乙**）、
白報紙（表面無任何加工的紙。**丙**），
請依照用途選擇適合使用的紙。

a

cut		cut
	←模具底部尺寸→	
cut		cut

紙的裁切方法

b

1 測量模具底部，加上高度的尺寸再裁
切下來，接著壓出折線和裁切線（**a**）。
由於側面上方會稍微變寬，所以把紙裁
成長方形。
2 沿著折線把紙折好放入模具中，將切
開的部分整齊重疊起來。用手指將四個
角落的紙往左右按壓展開，讓紙張順著
模具的形狀貼在內側。紙張穩定、底部
的角也完全密合就可以了（**b**）。

事前準備 B ● 奶油＋高筋麵粉 其一

chef ● 和泉光一

在想留下些許蛋糕烘烤過的痕跡等情況下，就不鋪紙，在模具內側塗抹
奶油，為了使脫模時更順利，再撒上高筋麵粉。
以矽樹脂加工或氟素樹脂加工的模具也是同樣做法。

a

b

c

1 把乳霜狀的奶油（▶p.10）用刷子塗抹在模具內側。
塗抹的方向要保持一致，烘烤出來的色澤才會漂
亮。側面部分要由下往上塗抹（**a**）。
2 倒入適量的高筋麵粉，一邊斜斜地轉動模具，一邊
讓麵粉均勻地沾附在整個內側（**b**）。倒扣模具，將多
餘的麵粉倒出。
3 整個模具內側都薄薄地、均勻地沾附上高筋麵粉
（**c**）。直接放入冰箱直到要用為止。

撒在模具內側的麵粉要使
用高筋麵粉。因為低筋麵
粉容易結塊，很難均勻散
開。照片中的模具，左側
用的是低筋麵粉，右側用
的是高筋麵粉。兩者的差
異一目了然。

chef ● 奧田 勝

作法和事前準備B幾乎相同，
但為了盡量避免脫模時失敗，
所以更加慎重地處理。

將乳霜狀的奶油（▶p.10）用刷子毫無遺漏
地塗滿模具內側。直接放入冰箱冷卻片
刻，再塗上一層乳霜狀的奶油，然後撒滿
高筋麵粉。

chef ● 森岡 梨

在模具內側塗抹融化奶油（▶p.10）的方法。
延展性佳，比較不用擔心塗抹時有所遺漏。

用刷子在模具內側均勻刷
上薄薄一層的融化奶油。
刷得太厚的話，倒進模具
裡的麵糊會整個往下沉。
由於麵糊會大幅膨脹超出
模具，所以邊緣部分也要
刷上融化奶油。

新模具的處理方法

磅蛋糕模具除了有各式各樣的材質之外，
也有表面經過樹脂加工處理的產品。
為了順利地烤出蛋糕，
了解模具的材質並在初次使用時
以最適合該材質的方法加以處理非常重要。

馬口鐵、鍍鋁鋼製品請以180℃的烤箱空烤30分鐘，
趁熱用乾布將礦物油及髒污擦拭乾淨。放涼之後再
塗上薄薄的無鹽奶油或酥油，接著輕輕擦乾淨再以
180℃烤30分鐘，這樣準備工作就完成了。不鏽鋼
製、氟素及矽樹脂加工的模具，以中性清潔劑清洗過
後就能立刻使用。使用後只需在模具還有熱度時乾
擦即可。

本書中使用經過矽樹脂加工的馬口鐵模具
（尺寸18cm，厚度0.7mm）。

3 基本的材料處理方法

為了成功做出美味可口的磅蛋糕，了解蛋、奶油、
麵粉等基本的材料處理方法也是很重要的一件事。
請仔細做好準備，同時也別忘了留意溫度及狀態的變化。

● 要正確秤量材料

本書旨在忠實呈現職人的食譜，因此分量不會剛好是整
數。想要做出所崇拜的職人的味道，請務必準備一台最小
計量單位為1g的電子秤，把材料正確地秤量好。另外，使
用量好的材料時也要小心，不要殘留在容器裡或撒出來，
以免產生誤差。

● 蛋的事前準備

製作磅蛋糕時常見的失敗原因，就是使用剛從冰箱取出、
還冰冰的蛋和奶油。蛋請在開始製作蛋糕的1～2小時前先
取出置於室溫（20～25℃），不過若是室溫較高的夏季請調
整時間。等到要用時再去殼打散。

蛋的計量
材料表的分量是指去殼後的重
量。如果要使用全蛋，要先把
蛋黃和蛋白打散後再計量。標
示的數量僅供參考，除了特別
註明的食譜之外，基本上都是
使用M尺寸（蛋黃20g、蛋白
30g）的蛋。

● 粉類過篩

過篩除了是為了去除結塊和雜質外，還能讓麵粉飽含空
氣。過篩後的麵粉會變得蓬鬆輕盈，能和基底材料充分融
合，不易形成結塊。在家的話使用多用途濾網就可以了。
先在下方鋪一張稍大一點的紙（白報紙等），然後從15～20
cm高的位置篩粉。殘留在濾網中的粉粒要清除掉不可使
用。過篩後的麵粉不需
移至容器，直接放在紙
上維持蓬鬆狀態即可。
由於放得愈久吸收的溼
氣就愈多，所以篩粉的
作業最好留到準備工作
的最後、或是要使用之
前才操作。

● 奶油的事前準備

製作磅蛋糕的基本條件是將乳霜狀奶油充分攪拌、拌入大
量空氣。製作乳霜狀奶油，首先要讓奶油在室溫下軟化，
然後以打蛋器或攪拌用刮刀攪拌。由於奶油一旦融化就無
法含入空氣，為了降低失敗的機率，最好還是置於室溫下
回軟。如果真的很趕時間，就把奶油切成1cm的厚度，用微
波爐加熱。加熱請以10秒為單位進行，每次加熱完畢都要
用手指壓壓看確認狀態。請務必小心別讓奶油完全融化。

軟化的奶油
手指可輕易壓入的柔軟度。
若表面變得溼黏的話就代表
過軟了。

乳霜狀奶油
把軟化的奶油用打蛋器或攪
拌用刮刀打散，攪拌成沒有
結塊的光滑狀態。

融化奶油
把奶油切成約1cm的薄片，以
隔水加熱或用微波爐加熱的
方式融化成液狀。使用時的
溫度非常重要，請遵守食譜
指定的溫度。

● 靈活運用各種砂糖

上白糖的特徵是質地溼潤、濃郁甘甜，細砂糖呈乾爽結晶
狀，甜味清爽、沒有特殊味道。該使用哪種砂糖才好，就
要看麵糊的配方以及想要呈現什麼樣的口味決定。若使用
上白糖，因為其有添加吸水性較強的轉化糖，蛋糕的溼潤
感會隨著時間逐漸增加。卡特卡（p.16）就是運用這個特性
製作出來的。雖然剛做好時口感較乾，但放到隔天就會變
得溼潤，且能長時間維持這樣的口感，這些都是上白糖的
作用。另一方面，若是加了杏仁粉、可可粉等等含有油脂
的材料，或是加了巧克力、果乾等帶有糖分的材料混合的
麵糊，就要使用不易吸收水分、能凸顯素材風味的細砂
糖。砂糖不只是用來增添甜味，還可維持質地溼潤、烤出
焦色、增添光澤、提高保存性等，扮演了許多角色。而且，
就算同樣是砂糖，在特性上也會有微妙的差異。本書食譜
列出的是經過挑選、最適合該種蛋糕的砂糖。為了做出美
味可口的蛋糕，請務必使用指定的砂糖。

第 1 章

職人的傑作
磅蛋糕

這個章節要介紹的磅蛋糕，是以奶油、砂糖、蛋、麵粉這4樣常見材料混合成基本磅蛋糕麵糊製作而成。從材料的配方到混合順序以及攪拌方式等，全都是為了做出令人感動的美味，根據職人的創意在縝密計算下設計出來的食譜。在裝飾方面也下了許多工夫，非常適合用來宴客或當作禮物。

皮耶・艾曼的
阿斯特克蛋糕

法文裡的「cake」，指的是磅蛋糕類的點心。也就是把奶油、砂糖、蛋、麵粉這4種材料以相同分量加以混合製成的傳統烘焙甜點。這裡介紹的「阿斯特克蛋糕」也是其中一款，而且不單使用了可可粉，還添加苦甜巧克力來提升風味。由於巧克力是粗略切碎混合在麵糊裡，所以出爐時融化的巧克力會布滿整個蛋糕，讓風味格外鮮明。麵糊裡還添加了橙皮及葡萄乾，更增添韻味，橙皮用糖漿煮過浸漬後，再用經過熬煮、風味濃郁的巴沙米可醋加以醃漬，消除苦味，並增添高雅的甜味和酸味，讓整個蛋糕充滿優雅的滋味。

材料 ●磅蛋糕模具2個份

無鹽奶油……270g

細砂糖……270g

低筋麵粉……216g

泡打粉……7g

可可粉……54g

苦甜巧克力*

（可可脂含量67%）……72g

全蛋（打散）……270g

黃金葡萄乾……126g

糖漬橙皮

柳橙（無農藥）……3個

細砂糖……250g

檸檬汁……25㎖

水……500g

巴沙米可醋……288g

糖漿

細砂糖……72g

水……90g

醃漬過糖漬橙皮的

巴沙米可醋……108g

鏡面果膠

透明果膠……50g

水……約1大匙

＊職人使用的是法芙娜的
「特苦巧克力（Extra Amer）」。
買不到的話可以用可可脂含量61%左右的
苦甜巧克力代替。

需要準備的用具

18×8×6.5㎝的磅蛋糕模具2個、鍋子、
烹調紙、橡皮刮刀、手持式電動攪拌器、
擠花袋（不裝擠花嘴）、刷子、網架（蛋糕冷
卻架）

烤箱

預熱至200℃，以170℃烘烤50～60分鐘。

品嚐時機與保存

放入冰箱冷藏1小時左右。隔天之後請
冷藏保存，要吃之前先提早30分鐘拿
出來回復到室溫。賞味期限約10天。

advice

・為了增加巴沙米可醋的風味，
請在糖漿裡也加入醃漬糖漬橙皮時
使用的濃縮巴沙米可醋。

・葡萄乾建議挑選無蠟質的柔軟產品。
硬的請先用熱水泡開再使用。

事前準備

前一天

● 葡萄乾用足以充分浸泡的分量的水（分量外）浸
泡著，放入冰箱靜置整整1天，泡軟備用。

●製作糖漬橙皮。

當天

●把糖漬橙皮的水分瀝乾。

●把葡萄乾的水分瀝乾，用廚房紙巾包夾起來，徹
底吸乾水分。

●粉類過篩。低筋麵粉、泡打粉、可可粉先個別過
篩1次，然後3樣混合再過篩1次。

●把烹調紙裁剪成能夠貼在磅蛋糕模具內側的大
小，在模具內側塗上薄薄一層奶油（分量外），貼
上烹調紙。

●把打散的全蛋液過濾，使用前先回復至室溫。

製作
糖漬橙皮

1 將柳橙用水清洗乾淨，上下
的皮切除1㎝的厚度，周圍的
皮切下約3㎜的寬度。稍微有
果肉附著也沒關係。

2 在鍋裡放入橙皮、檸檬汁、
加入足以蓋過材料的水（分量
外），以大火加熱。沸騰後用
網篩撈起換水，以同樣的方
式從生水開始煮沸2次。

3

在鍋子裡倒入糖漬用的水、細砂糖和 **2** 的橙皮，用紙蓋緊密貼合覆蓋，再蓋上鍋蓋，以小火熬煮2～3小時。煮到糖漿充分滲透到橙皮的內側即可。

4

從爐火上移開，繼續用紙蓋覆蓋著，在常溫下放涼。

5

在放涼的期間，將巴沙米可醋倒進鍋裡，開火熬煮濃縮至剩6成分量。同樣在常溫下放涼。

> 巴沙米可醋是用來增添糖漬橙皮的風味，最終是要加熱的，所以不必使用高級品。只要酸甜平衡、風味高雅就可以了。

取144g **4** 的糖漬橙皮，充分瀝乾糖漿後，切成3mm的小丁，浸泡在 **5** 的巴沙米可醋裡，放入冰箱冷藏一整天。剩下的橙皮留作裝飾之用。

6

把 **5** 的醃漬糖漬橙皮倒入網篩中靜置片刻，瀝乾水分。把留作裝飾的剩餘糖漬橙皮切成3cm長的條狀，準備12條備用。

製作麵糊

7

把巧克力粗略切碎。

> 這次使用的是可可脂含量67%、法芙娜公司的巧克力。

8

把奶油切成適當大小，於室溫中回復至柔軟。用手指按壓時會慢慢扁掉的柔軟度即可。

> 一下子就扁掉的柔軟度會讓麵糊失去彈性，導致烘烤時無法順利膨脹。

9

在缽盆裡倒入 **8** 的奶油，用橡皮刮刀攪拌至變得柔軟。加入細砂糖攪拌混合，直到幾乎看不見顆粒為止。

10

用手持式電動攪拌器以高速攪拌至奶油變得光滑細緻為止。加入¼的蛋液繼續攪拌。

11

把剩下的蛋分3次加入，繼續攪拌。由於蛋太冰會使奶油冷卻凝固而導致油水分離，要特別小心。一定要充分攪拌乳化，讓材料融為一體。

繼續攪拌，直到蛋奶糊的顏色比剛加蛋時略白，完全乳化融合、變成柔滑又有光澤的乳霜狀為止。

> 擔心油水分離的話，只要在下個步驟中把麵粉分成5～6次少量加入就可解決。

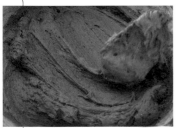

12 加入分量⅓的粉類，用橡皮刮刀以畫圓的方式快速混合。附著在缽盆側面的粉類也要不時刮下來一起攪拌。粉類和奶油幾乎混合後，把剩下的粉類分2次加入，以同樣的要領混合。

13 將糖漬橙皮、葡萄乾、巧克力全部加入，以從底部翻起的方式大幅度攪拌麵糊，讓配料均勻分布。

完成的麵糊

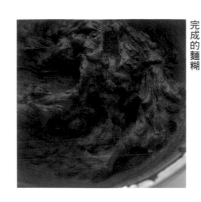

烘烤

14 把**13**填入擠花袋再擠入模具。避免混入空氣，從一端不留縫隙地擠到另一端。若麵糊較多，也不要滿滿地擠到邊緣，到八分滿就要停住。

15 用烘焙紙等製作小型擠花袋，填入乳霜狀的奶油（無鹽奶油，分量外），在麵糊中央畫一條線（這道手續可以省略）。送入預熱好的烤箱中，溫度調降至170℃，隨時留意狀況，烘烤50～60分鐘（這段期間繼續進行步驟**16**）。烤好後因為光看表面不準，所以一定要用刀子戳入內部加以確認。若沾附溼溼的麵糊就表示還沒熟透，沒沾上麵糊的話就完成了。

> 用奶油畫線後，這條線會在烘烤過程中裂開，形成蒸氣的通道，讓烤出來的蛋糕形狀更漂亮。

潤飾完成

16

利用烘烤期間，把糖漿用的水和細砂糖混合加熱，沸騰之後熄火，加入醃漬過糖漬橙皮的巴沙米可醋混合均勻。把透明果膠和水一起加熱，用橡皮刮刀不停攪拌直到軟化（如照片所示）。這兩樣材料若在需要塗抹時涼掉的話，請重新加熱至60℃。

蛋糕烤好之後，從模具中取出置於網架上。在常溫下靜置約15分鐘，稍微放涼。用刷子刷上大量溫熱的糖漿。表面乾燥後再刷上鏡面果膠。放上條狀的糖漬橙皮當作裝飾。

和泉光一的 **卡特卡**

「**卡**特卡（quatre-quarts）」在法文中是「⁴⁄₄」的意思。因為是4種基本材料（麵粉、砂糖、奶油、蛋）各占¼比例製作而成的蛋糕，故而得此名。在這個蛋糕裡，我最堅持的就是使用上白糖。因為上白糖有吸收水分的特性，能讓蛋糕隨著時間呈現溼潤感。只要仔細地完成每一個步驟，一定就能做出美味的蛋糕。請好好品嚐簡單又富有層次感、單純食材本身的美好滋味。

材料 ●磅蛋糕模具2個份

無鹽奶油……200g

上白糖……200g

全蛋……200g（約4個）

低筋麵粉……200g

泡打粉……6g

檸檬（只使用皮）……½個

裝飾

 杏桃果醬……100g

 開心果（烘焙用的無鹽產品）
  ……100g

模具用

 無鹽奶油……適量

 高筋麵粉……適量

需要準備的用具

18×8×6.5cm的磅蛋糕模具2個、手持式電動攪拌器、磨泥器、網篩、抹刀、多用途濾網、小鍋、刷子、網架、粗棉手套

烤箱

預熱至180℃，以160℃烘烤40～45分鐘。

品嚐時機與保存

放置3天後，質地會變得溼潤，吃起來最美味。保存時請用保鮮膜包好，在常溫下可保存1週，冷藏可保存2週。在裝飾前的狀態下包上保鮮膜、裝入冷凍保鮮袋等冷凍起來的話，最多可保存1～2個月。要品嚐前放到冷藏室解凍即可。

advice

奶油若是軟化過頭或不小心融化的話，就算再怎麼打發也無法拌入空氣。為了避免失敗，建議採取前一天晚上從冰箱取出、置於室溫軟化的方法。蛋一定要分次少量加入，而且每次加入後都要攪拌至完全融合為止。蛋液分量太多的話，不只很難攪拌均勻，奶油也很容易產生油水分離的現象。一旦油水分離的話，接下來不管攪拌多久也無法再次融合，即使添加麵粉或加熱等進行緊急處置，也很難烤出美味的蛋糕。所以就算耗費工夫，還是得確實遵守這個重點。粉類最好在使用之前才過篩。

事前準備

● 奶油置於室溫軟化。▶**p.10**

● 雞蛋回復至室溫，打散成蛋液。▶**p.10**

● 模具刷上一層乳霜狀的奶油，撒上高筋麵粉。▶**p.8** 事前準備B

● 將檸檬皮磨碎（只取黃色外皮部分）。

● 上白糖以網篩過篩。

製作麵糊

把軟化的奶油用打蛋器以摩擦盆底的方式攪拌成沒有結塊的乳霜狀。

加入過篩過的上白糖，攪拌至完全融合為止。

換成手持式電動攪拌器，以高速打發。

充分打發、拌入大量空氣後，奶油所包覆的小氣泡會在烘烤之際變成核心，讓麵糊完美膨脹，形成細緻而蓬鬆的質地。

確認奶油霜的狀態

以指尖沾取少量的奶油霜，確認是否已無上白糖的顆粒殘留。把砂糖充分攪拌均勻、拌入空氣，直到顏色變白、呈蓬鬆狀即可。

若是攪拌不足、仍有上白糖顆粒殘留的話，烤好的蛋糕表面會浮現一粒粒的白色斑點。

用打蛋器輕輕攪拌，調整奶油霜。在此階段，奶油和上白糖已經完全融合，散發出甜甜的乳香。

2

將事先準備好的蛋液加入約1大匙到**1**裡，用打蛋器充分攪拌到變得柔滑為止。先在中央部分以畫小圈的方式混合，等稍微融合之後，再和周圍的部分混合均勻即可。

把剩下的蛋液分成4～5次加入，每次加入後都要攪拌至整體完全融合為止。途中要不時用橡皮刮刀把沾在鉢盆側面的材料刮下來，整體攪拌均勻。

> 為了避免油水分離，蛋液一定要分次少量加入才行。

混合完畢的狀態

因為將奶油充分打發，所以混合完畢的狀態會比想像中來得更白一點。

3

加入磨碎的檸檬皮，用橡皮刮刀輕輕拌勻。

> 加入檸檬皮是為了增添清爽的風味，同時消除掉蛋的獨特腥味。

4

將低筋麵粉和泡打粉混合過篩，一口氣加進**3**裡。用橡皮刮刀把材料從鉢盆底部舀起、快速翻面，以這樣的方式混合均勻。不要急躁，慢慢地混合就可以了。

完成的麵糊

攪拌至沒有粉末感且出現光澤之後就完成了。

> 由於攪拌過度會產生黏性影響膨脹，因此在粉類均勻融合的狀態下，再攪拌4～5次，稍微出現光澤之後就得停手。

烘烤

5

把麵糊分成2等分，用橡皮刮刀以舀起麵糊、快速滑落的方式，填入事先準備好的2個模具中。

> 要小心避免橡皮刮刀磨擦到模具的側面。若是不小心把奶油和高筋麵粉刮掉，會讓麵糊黏在那個部分而變得不易脫模。

把麵糊均勻抹開，利用橡皮刮刀的前端，將麵糊確實填滿模具的四個角落。

然後用抹刀輕輕把表面抹平。

6

送入預熱好的烤箱，溫度調降至160℃烘烤40～45分鐘。

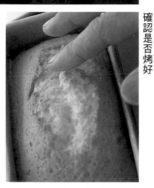

確認是否烤好

若蛋糕已經烤熟的話，中央的裂痕部分也會呈現金黃的焦色，用指尖按壓時有蓬鬆軟綿及輕輕回彈的感覺。若按壓時發出了噗咻噗咻的聲音，就再烤5分鐘左右。

> 用竹籤戳入蛋糕中央來確認也無妨，只是這種方法會留下小洞，或是讓竹籤戳入部分的質地變得緊密。可以的話，還是用烘烤色澤及手的觸感來確認比較好。

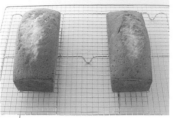

烤好之後，戴上粗棉手套，立刻將蛋糕從模具中取出，放在網架上直到完全冷卻。

> 在這個狀態下就可以冷凍保存。

裝飾

7 把杏桃果醬倒進小鍋裡以小火加熱，煮成能夠流動的濃稠液狀。

用刷子依序塗抹在蛋糕的側面、上面。

> 杏桃果醬很容易凝固，變得不好塗抹時只需再次以小火加熱就會變軟。

把堆積在邊角部分的杏桃果醬用指尖抹掉。

8

沿著對角線撒上切得細碎的開心果當作裝飾。

和泉光一的 **紅茶蛋糕**

製 作甜點時，「口感的對比」是我最重視的重點之
一。這款紅茶蛋糕，蛋糕體本身烤得香酥爽口，
蛋糕周圍則吸附了紅茶糖漿。品嚐時，可感受到周圍的溼
潤口感和中間質地的對比，蘊釀出更加升級的美味。接著
是伯爵茶的獨特香氣在口中瀰漫擴散，該是多麼幸福的感
受啊。不只如此，我還使用紅茶風味糖霜（糖霜淋面）裝
飾，讓外觀及口感更具特色。

材料 ●磅蛋糕模具2個份

無鹽奶油……200g
上白糖……200g
全蛋……200g（約4個）
低筋麵粉……200g
泡打粉……6g
紅茶茶葉（伯爵茶）……8g

紅茶糖漿
| 水……200g
| 細砂糖……170g
| 紅茶粉（▶p.95）……5g

紅茶風味糖霜
| 糖粉……100g
| 水……22g
| 紅茶粉……3g

模具用
| 無鹽奶油……適量
| 高筋麵粉……適量

需要準備的用具

18×8×6.5cm的磅蛋糕模具2
個、咖啡磨豆機（或研磨缽）、
手持式電動攪拌器、網篩、多
用途濾網、抹刀、刷子、小
鍋、粗棉手套、拋棄式透明手
套、大型容器（這裡使用的是密
封容器）、網架、淺盤（或報
紙）、耐熱容器、湯匙

烤箱
預熱至180℃，以160℃烘烤
45～50分鐘。

品嚐時機與保存

放著3天後，質地會變得溼
潤，吃起來最美味。保存時
請用保鮮膜包好，在常溫下
可保存1週，冷藏可保存2
週。如果要冷凍保存的話，
請在尚未浸泡紅茶糖漿的狀
態下包上保鮮膜、裝入冷凍
保鮮袋，最多可保存1～2個
月。要品嚐前放到冷藏室解
凍即可。

事前準備

● 奶油置於室溫軟化。
　▶p.10
● 雞蛋回復至室溫，打散成蛋液。
　▶p.10
● 模具刷上一層乳霜狀的奶油，撒上
　高筋麵粉。▶p.8 事前準備B
● 紅茶茶葉用咖啡磨豆機（或研磨缽）
　磨成碎末。
● 上白糖以網篩過篩。

製作麵糊

1 參照p.17〜18的 **1**、**2**，將奶油、上白糖、蛋液混合均勻。

2 加入磨碎的紅茶茶葉，輕輕攪拌。均勻分布即可。

完成的麵糊

3 將低筋麵粉和泡打粉混合過篩，一口氣加入。參照p.18的 **4**，攪拌至沒有粉末感且出現光澤為止。

烘烤

4 參照p.18的 **5**，倒入事先準備好的2個模具中，抹平表面。送入預熱好的烤箱中，溫度調降至160℃，烘烤45〜50分鐘。烤到中央的裂痕部分呈金黃焦色、用指尖按壓時感覺蓬鬆軟綿且會輕輕回彈就完成了。

潤飾完成

5

製作紅茶糖漿。把紅茶粉放進缽盆裡。在小鍋裡倒入水和細砂糖，開火加熱至煮沸，製作糖漿。熄火之後，將糖漿一次一點倒入裝紅茶粉的缽盆中，和紅茶粉混合均勻。把混合好的糖漿倒進大型容器中，將烤好的蛋糕依照側面、上面、底面的順序快速浸泡一下。每一面浸泡約5秒即可，戴上拋棄式透明手套來處理的話，就不會把手弄得黏答答的，可以順暢完成後續的步驟。

放在網架上，直到完全冷卻為止。由於會有糖漿滴落，所以網架底下最好用淺盤等墊著。

6

在耐熱容器中倒入糖粉和水，攪拌至滑順後加入紅茶粉，充分攪拌均勻。用微波爐加熱約10秒，讓溫度上升至30℃左右，繼續攪拌成濃稠狀態。

用湯匙舀取適量，如畫線般淋在蛋糕表面。在冷卻凝固之前，把沾黏在側面的糖霜抹掉。

advice

為了讓人在入口的那瞬間，能確實感受到紅茶的香氣，所以糖漿和糖霜中都添加了紅茶粉。糖漿要在蛋糕出爐的前5分鐘製作，趁熱使用。冷掉的話，請用微波爐等重新加熱至40℃左右。

和泉光一的 **大理石蛋糕**

若已經熟練製作基本的卡特卡麵糊，接下來的變化就很簡單了。這是將卡特卡麵糊、以及部分麵粉以可可粉取代的麵糊適當地混合烘烤而成，呈現大理石花紋的蛋糕。瀰漫著奶油和可可風味的樸實滋味，無論什麼時候吃都能令人感到身心放鬆。讓每個切面呈現不同風情的大理石花紋是有訣竅的，請一定要學起來。撒上杏仁角之後，風味和口感都會更加有層次。

材料 ●磅蛋糕模具2個份

基本的卡特卡麵糊
- 無鹽奶油⋯⋯100g
- 上白糖⋯⋯100g
- 全蛋⋯⋯100g（約2個）
- 低筋麵粉⋯⋯100g
- 泡打粉⋯⋯3g

可可麵糊
- 無鹽奶油⋯⋯100g
- 細砂糖⋯⋯100g
- 全蛋⋯⋯100g（約2個）
- 低筋麵粉⋯⋯90g
- 可可粉⋯⋯10g
- 泡打粉⋯⋯3g

杏仁角⋯⋯適量

模具用
- 無鹽奶油⋯⋯適量
- 高筋麵粉⋯⋯適量

需要準備的用具

18×8×6.5cm的磅蛋糕模具2個、手持式電動攪拌器、抹刀、網篩、多用途濾網、刷子、網架、粗棉手套

烤箱
預熱至180℃，以160℃烘烤40～45分鐘。

品嚐時機與保存

放著3天後，質地會變得溼潤，吃起來最美味。保存時請用保鮮膜包好，在常溫下可保存1週，冷藏可保存2週。用保鮮膜緊密包住，裝入冷凍保鮮袋等冷凍起來的話，最多可保存1～2個月。要品嚐前放到冷藏室解凍即可。

advice

可可麵糊使用的是細砂糖。這是因為可可粉含有油脂，若加入吸水性強的上白糖，會讓蛋糕的質地變得溼黏。低筋麵粉、可可粉、泡打粉請參照p.92，過篩2次。

事前準備

● 奶油置於室溫軟化。
  ▶p.10
● 雞蛋回復至室溫，打散成蛋液。
  ▶p.10
● 模具刷上一層乳霜狀的奶油，撒上
  高筋麵粉。▶p.8 事前準備B
● 上白糖以網篩過篩。

製作麵糊

參照p.17～18的 **1**、**2**、**4**，用左頁材料表的配方製作基本的卡特卡麵糊。

製作可可麵糊。參照p.17～18的 **1**、**2**，以左頁材料表的配方將奶油、細砂糖、蛋混合均勻。參照p.92，把低筋麵粉、可可粉、泡打粉混合過篩2次，一口氣加入，用橡皮刮刀攪拌混合。

攪拌至沒有粉末感、出現光澤就完成了。在粉類均勻融合的狀態下再攪拌4～5次，稍微出現光澤之後就停手。

> 因為可可粉含有油脂成分，所以做出來的質地會比奶油蛋糕麵糊來得柔軟。

混合完畢的狀態

3 把可可麵糊移到裝有基本卡特卡麵糊的缽盆中。用橡皮刮刀以從側面舀起的方式翻拌1次就好。

> 由於填入模具時，麵糊也會有一定程度的混合。若是在這裡混合過頭，會無法形成大理石花紋。所以只要攪拌1次就好。

烘烤

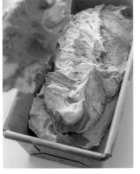

4 參照p.18的 **5**，把麵糊倒入事先準備好的2個模具中，抹平表面。

像畫縱線般地撒上杏仁角。

5 送入預熱好的烤箱中，溫度調降至160℃，烘烤40～45分鐘。

烤到中央的裂痕部分呈金黃焦色、用指尖按壓時蓬鬆軟綿且會輕輕回彈就完成了。若輕輕壓時會發出噗咻噗咻的聲音，就再烤5分鐘左右。

烤好之後，戴上粗棉手套，立刻將蛋糕從模具中取出，放在網架上冷卻。

和泉光一的 **焦糖栗子蛋糕**

基本的卡特卡麵糊還可以進一步活用，製作出風味完全不同的蛋糕。這款「焦糖栗子蛋糕」，在麵糊中添加了帶著微微苦味的焦糖醬和口感綿密的糖煮栗子，增添風味的濃郁與香醇，是我很喜歡的一份食譜。在麵糊裡加入焦糖醬，不僅能讓烘烤出來的色澤更顯可口，口感也會更溼潤溫和。最後在表面塗上杏桃果醬、放上糖煮栗子，優雅地添加裝飾。

材料 ●磅蛋糕模具2個份

無鹽奶油……200g
細砂糖……200g
全蛋……200g（約4個）
低筋麵粉……200g
泡打粉……6g
糖煮栗子①（▶p.95）
　　……150g

焦糖醬
　水麥芽（或蜂蜜）……16g
　細砂糖……52g
　鮮奶油（乳脂肪含量35%）
　　……65g

裝飾
　杏桃果醬……100g
　糖煮栗子②……4粒
　裝飾用糖粉
　　（▶p.74）……適量

模具用
　無鹽奶油……適量
　高筋麵粉……適量

需要準備的用具
18×8×6.5cm的磅蛋糕模具2個、手持式電動攪拌器、小鍋、木鏟、多用途濾網、抹刀、粗棉手套、網架、叉子、刷子、濾茶器

烤箱
預熱至180℃，以160℃烘烤50分鐘。

品嚐時機與保存

做好當天就很好吃了。保存時請用保鮮膜包好，在常溫下可保存1週，冷藏可保存2週。在裝飾前包上保鮮膜、裝入冷凍保鮮袋等冷凍起來的話，最多可保存1～2個月。要品嚐前放到冷藏室解凍即可。

advice

栗子請使用糖煮栗子。若換成栗子甘露煮的話，做出來的蛋糕口感會不一樣。另外，冷卻焦糖醬的時候一定要用冷水，若使用冰水反而會造成焦糖醬局部凝固。

事前準備
- 奶油置於室溫軟化。
  ▶p.10
- 雞蛋回復至室溫，打散成蛋液。
  ▶p.10
- 模具刷上一層乳霜狀的奶油，撒上高筋麵粉。▶p.8 事前準備B
- 將糖煮栗子①粗略切碎。

製作焦糖醬

1

在小鍋裡倒入鮮奶油，加熱至快要沸騰的狀態。在另一個小鍋裡倒入水麥芽，以小火加熱，待周圍冒出小氣泡、變成糖漿狀之後，將細砂糖分5～6次，逐次少量地加進鍋裡，用木鏟慢慢地攪拌，煮至溶化。

> 每次都要等到加進去的砂糖都溶化了後，才可以繼續加入。

2

沸騰時會冒出細小的氣泡，接著會有一瞬間快速消失，就在這個階段熄火，加入⅓在**1**加熱過的鮮奶油，攪拌混合。

> 一口氣加入鮮奶油的話會噴濺，所以一次只能加入⅓。

把剩下的鮮奶油分成2次加入，每次加入後都要充分攪拌均勻。把完成的焦糖醬移入鉢盆中，在下面墊著冷水冷卻。

製作麵糊

3 參照p.17～18的**1**、**2**，將奶油、細砂糖、蛋液混合均勻。

4 用打蛋器舀起一團**3**，加入冷卻的焦糖醬中，充分攪拌至均勻為止。混合之後再倒回剩下的**3**裡，攪拌均勻。

完成的麵糊

5 把低筋麵粉和泡打粉混合過篩，一口氣加入拌勻。攪拌至沒有粉末感之後，加入糖煮栗子①，確實攪拌至出現光澤為止。

烘烤、潤飾完成

6 參照p.18的**5**，把麵糊倒入事先準備好的2個模具中，抹平表面。送入預熱好的烤箱中，溫度調降至160℃，烘烤50分鐘。烤到中央的裂痕充分上色就完成了。戴上粗棉手套，立刻將蛋糕從模具中取出，放在網架上冷卻。

7 把杏桃果醬倒進小鍋裡，以小火加熱，煮成濃稠的液狀，沾裹在糖煮栗子②的表面。

用刷子在冷卻的蛋糕上方，刷上薄薄的杏桃果醬，用指尖抹掉堆積在邊角的果醬。

在兩個蛋糕中央各放上1顆栗子，用濾茶器撒上糖粉之後，再將另1顆栗子裝飾在旁邊。

25

金子美明的 **水果蛋糕**

這份水果蛋糕的食譜，早在「Patisserie Paris S'eveille」開幕之前我就很喜歡了。在店裡也使用這份食譜製作蛋糕，是相當受客人喜愛的人氣烘焙甜點之一。我的水果蛋糕有個特徵，就是大量使用以蘭姆酒醃漬過的葡萄乾和蜜棗乾等果乾，並搭配較厚重紮實的蛋糕質地。因為添加了這麼大量的水果，所以放置時間愈久，果香就會愈濃郁。請好好品嚐蛋糕和水果的甜、酸、香醇融為一體，令人回味無窮的美味。

材料 ●磅蛋糕模具2個份

發酵無鹽奶油……200g

細砂糖（極細顆粒▶p.74）……200g

肉桂粉……2g

杏仁粉……36g

全蛋……168g（約3個）

低筋麵粉……264g

泡打粉……4g

蘭姆酒漬果乾（▶p.29）
　　……782g

現榨柳橙汁……100g

蘭姆酒糖漿

　水……100g
　細砂糖……120g
　蘭姆酒……200㎖

裝飾

　香草糖漿

　　水……100g
　　細砂糖……120g
　　香草莢……豆莢20cm

　果乾

　　黑無花果乾……4個
　　白無花果乾……3個
　　杏桃乾……6個
　　蜜棗乾……4個
　　葡萄乾……30g

　核桃（切半）……4～6個

　整粒杏仁（帶皮）
　　……10～12個

　杏桃果醬……100g

需要準備的用具

18×8×6.5cm的磅蛋糕模具2個、烹調紙、
多用途濾網、橡皮刮刀、網篩、擠花袋、
長尾夾、小鍋、刷子、網架、粗棉手套、
竹籤、冰水

烤箱

預熱至185℃，以165℃烘烤1小時。

品嚐時機與保存

從烤好的隔天開始約3天左右是最佳
品嚐時機。常溫可保存1週，冷藏可保
存2週。無論常溫或冷藏，都必須用保
鮮膜緊密包好避免乾燥。

事前準備

1個月前

● 果乾用蘭姆酒浸漬至入味。
　▶p.29

當天

● 發酵無鹽奶油置於室溫軟化。▶p.10
● 雞蛋回復至室溫，打散成蛋液。▶p.10
● 在模具內鋪上烹調紙。
　▶p.8 事前準備A
● 蘭姆酒漬果乾以網篩過濾，瀝乾汁液。

advice

不使用打蛋器，而是用橡皮刮刀將
材料依序混合。這是為了避免在混
合時拌入太多空氣，以便做出厚重
紮實的質地。用蘭姆酒醃漬的果
乾，請在約30分鐘前以網篩過濾，
充分瀝乾汁液。烤好時請以竹籤戳
入蛋糕內側，確認是否烤好。水果
蛋糕最重要的就是要徹底烤熟。

製作麵糊

1 在小鍋裡倒入現榨柳橙汁，
加熱至沸騰。也可以用微波
爐加熱1分鐘左右。把加熱的
果汁以繞圈的方式，淋在預
先準備好的蘭姆酒漬果乾
上，整體沾裹均勻。

2 把軟化的奶油用橡皮刮刀壓
散，攪拌成沒有結塊的乳霜
狀。

加入細砂糖，充分攪拌至整
體融合為止。

3 加入肉桂粉混合，攪拌均勻
之後再加入杏仁粉，攪拌至
粉粒的結塊完全消失為止。

4 把事先準備好的蛋液分成4～
5次，逐次少量地加入，每次
加入後都要攪拌到變得柔滑
為止。

因為剛剛加了杏仁粉，所以
比較不容易油水分離。

27

5

將低筋麵粉和泡打粉混合過篩，一口氣加進**4**裡。用橡皮刮刀以從缽盆底部舀起翻拌的方式混合均勻。不要太過用力，慢慢混拌。

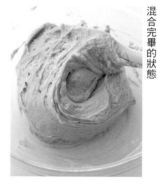

混合完畢的狀態

攪拌至沒有粉末感、多少有點光澤出現就完成了。由於攪拌過頭會產生黏性，讓烤出來的蛋糕質地變得QQ的，所以在粉類均勻融合、稍微出現光澤之後就停手。

完成的麵糊

加入**1**的果乾，攪拌至均勻分布。

烘烤

6

把擠花袋的開口用長尾夾封住，填入麵糊。

將麵糊平均地填入事先準備好的2個模具中。不能把麵糊填得太滿，因為烘烤之後會膨脹，所以填至八分滿即可。

用橡皮刮刀把麵糊從中央往兩側推開，抹在模具的邊緣，讓中央呈現較低的狀態。如此一來烤好的蛋糕上方就能出現明顯的邊角。

7

送入預熱好的烤箱中，溫度調降至165℃，烘烤1小時。（這段期間繼續進行步驟**8**）。

用竹籤戳入蛋糕中央，沒有麵糊等沾附就表示烤好了。若沾上半生不熟的麵糊，就再烤5分鐘左右。

烤好的狀態

潤飾完成

8

趁烘烤蛋糕時製作蘭姆酒糖漿。用小鍋把水和細砂糖煮至沸騰。砂糖完全溶化之後移入缽盆中，在盆底墊上冰水，冷卻之後加入蘭姆酒。

9

製作香草糖漿。把水、細砂糖、長度對半切的香草莢倒進小鍋裡，開火加熱。待砂糖完全溶化、沸騰之後，把裝飾用的果乾全部加入，以小火熬煮約20分鐘。煮軟之後取出放涼。

10

蛋糕烤好之後，戴上粗棉手套，立刻將蛋糕從模具中取出，放在網架上。趁熱用刷子在蛋糕和紙之間滴入大量蘭姆酒糖漿。周圍滴完一圈之後，在上面也刷上大量的糖漿。就這樣放涼後，把紙剝除。

> 把糖漿滴在蛋糕和紙之間，是為了讓糖漿沿著紙滴落。

裝飾

11

把 **9** 的黑無花果和白無花果依喜好縱切或橫切成2等分。

在小鍋裡倒入杏桃果醬，加入少量的水（分量外）以小火加熱，煮至滑順的狀態。用刷子將果醬刷在冷卻蛋糕的上方表面。

以 **9** 和 **11** 準備好的水果乾與堅果裝飾表面。

蘭姆酒漬果乾

若要將果乾拌入麵糊裡烘烤，在使用的前1個月就要開始醃漬。每天把所有材料徹底攪拌一次，味道才會均勻地滲透進去，風味也會大幅提升。

材料 ●完成分量約800g

杏桃乾……60g	整粒杏仁（帶皮）……34g
蜜棗乾……140g	核桃（切半）……90g
葡萄乾……270g	蘭姆酒……140g
糖漬橙皮……34g	眾香子粉、肉桂粉、肉豆蔻粉……各⅓小匙
糖漬檸檬皮……34g	現榨檸檬汁……14㎖

1 將杏桃乾和蜜棗乾分別切成4～6等分。糖漬橙皮和糖漬檸檬皮切成丁。
2 將整粒杏仁和核桃切成粗粒。
3 在蘭姆酒中加入香料類和檸檬汁，用打蛋器充分攪拌混合。
4 在缽盆裡倒入葡萄乾和**1**、**2**，加入**3**充分混合。
5 表面以保鮮膜緊密覆蓋起來，在涼爽的地方放置1個月以上。每天一次，將整體攪拌均勻。

安食雄二的 **週末蛋糕**

我認為「新鮮度」對烘焙甜點來說也非常重要。在奶油等香味尚未消散之前,趁早享用肯定比較美味。這幾年來,著重於耐放的烘焙甜點種類已經大幅減少許多,只留下喜歡的種類而已,這款「週末蛋糕」,就是在店裡被珍貴保留下來的品項之一。一口咬下質地輕盈柔軟、入口即化的蛋糕,奶油和檸檬的豐富滋味立刻在口中擴散開來。表面做了削邊處理,再以沙沙口感的檸檬風味糖霜簡單地加以潤飾。

材料 ●磅蛋糕模具2個份

全蛋……240g（略少於5個）

細砂糖……240g

發酵無鹽奶油……200g

酸奶油……50g

檸檬（只使用皮）……1個

現榨檸檬汁……10㎖

中筋麵粉（▶p.74）……220g

杏桃果醬……150g

檸檬風味糖霜
┌ 水……25g
│ 現榨檸檬汁……25㎖
└ 糖粉……200g

需要準備的用具

18×8×6.5cm的磅蛋糕模具2個、烹調紙、磨泥器、溫度計、多用途濾網、手持式電動攪拌器、擠花袋、長尾夾、竹籤、蛋糕刀（或菜刀）、單柄鍋、刷子、網架、粗棉手套、隔水加熱用的熱水（約60℃）

烤箱

烘烤麵糊時，預熱至190℃，以170℃烘烤55分鐘。潤飾完後以220℃烘烤2～3分鐘。

▌品嚐時機與保存 ▌

剛做好的時候是最好吃的。保存時請用保鮮膜包好，在常溫下可保存1週，冷藏可保存2週。在烤好的狀態下包上保鮮膜、裝入冷凍保鮮袋等冷凍起來的話，最多可保存1～2個月。自然放置至解凍後即可品嚐。

▌*advice* ▌

週末蛋糕是法國的經典甜點。基本上是以同樣分量的麵粉、砂糖、奶油、蛋混合製成，但這裡稍做變化，把部分的奶油換成酸奶油，並減少麵粉的量，改用中筋麵粉。檸檬皮的香氣成分具有高揮發性，會隨著時間逐漸消散。請務必在使用前才磨碎。融化的奶油一旦冷卻了就很難均勻融合，並容易形成結塊，所以在使用前請保溫在40℃。

事前準備

● 將蛋回復至室溫。▶p.10
● 將發酵奶油切成適當的大小。
● 在模具內鋪上烹調紙。▶p.8 事前準備A

製作麵糊

1

把檸檬皮磨碎。在缽盆裡加入發酵奶油、酸奶油、檸檬皮混合，隔水加熱至融化。直到使用之前都要保溫在40℃。

2

在缽盆裡加入全蛋，用打蛋器打散後加入細砂糖，攪拌均勻。整體融合之後隔水加熱，不停攪拌直到溫度上升至40℃。

把熱水移開，改用手持式電動攪拌器以中速打發。

理想的打發狀態

打到蓬鬆變白，舀起時蛋糊會不斷滑落的狀態後，轉成低速，繼續打發2～3分鐘，打出質地細緻的氣泡。打發至蛋糊如緞帶般落下，留下的痕跡會緩緩消失的程度就完成了。

3

混合完畢的狀態

加入**1**的奶油液和現榨檸檬汁，用橡皮刮刀以從底部舀起的方式快速翻拌混合。直到奶油和蛋糊融合為止，要仔細翻拌混合30～40次。

烘烤

4

將中筋麵粉過篩，一點一點地撒入 **3** 裡，並將橡皮刮刀立起，以切拌的方式混合。

> 一邊加入麵粉一邊快速攪拌避免產生結塊是很重要的。因此，這項作業最好2人同時操作。

混合完成的狀態

看不見粉末之後，一手將缽盆朝自己的方向轉動，另一千用橡皮刮刀把麵糊從底部慢慢舀起，用這種方式攪拌至出現光澤為止。

5

把擠花袋的開口用長尾夾封住，填入麵糊，平均地填入事先準備好的2個模具中。

拿起模具在檯面上撞擊幾下，讓麵糊填滿模具的每個角落。

6

送入預熱好的烤箱中，溫度調降至170℃，烘烤55分鐘。用竹籤戳入蛋糕中央，沒有麵糊等沾附就表示烤好了。若沾上半生不熟的麵糊，就再烤5分鐘左右。

蛋糕烤好之後，戴上粗棉手套，立刻將蛋糕從模具中取出，倒扣在網架上冷卻。

> 模具底部的平坦面要當作蛋糕上方潤飾，所以要倒放著冷卻。

潤飾完成

7

等 **6** 完全冷卻之後把紙剝除，切除上部的膨脹部分。

把底部的4個邊切成約45度的斜面。

8

在單柄鍋裡放入杏桃果醬，以小火加熱至沸騰，稍微熬煮至帶有濃稠度。

晾乾

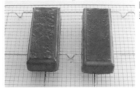

趁熱用刷子在蛋糕的上面和側面刷上薄薄一層，晾乾備用。

以杏桃果醬當作緩衝，避免水分從蛋糕內部散出。才能讓糖霜保持爽脆。

9

製作檸檬風味糖霜。把材料倒進缽盆裡，攪拌至溶化。將烤箱預熱至220℃。

果醬乾燥至不黏手的程度後，用刷子仔細地在蛋糕表面刷上大量糖霜。

若果醬不夠乾的話，果醬和糖霜之間很容易因為空氣進入而留下小氣泡。

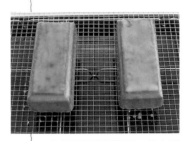

在烤盤裡擺好網架，放上蛋糕，用220℃的烤箱烘烤2～3分鐘。

完成。經過加熱之後，泛白的顏色會褪去並出現光澤。

安食雄二的 **柳橙蛋糕**

除了糖漬橙皮之外，還添加大量新鮮柳橙皮屑呈現新鮮風味的柳橙蛋糕。這款甜點也是剛做好的時候最美味，要盡快品嚐，才能品嚐到柳橙的香氣。由於採取的是蛋黃和蛋白分別加入的方法，所以不太會遇到油水分離等失敗，是很容易製作的食譜。

材料 ●磅蛋糕模具2個份

發酵無鹽奶油……184g

鹽……2g

香草莢……豆莢5cm

蛋黃……64g（約3個）

蛋白……96g（約3個份）

上白糖……96g

糖漬橙皮（薄片）……320g

柳橙（只使用皮）……¾個

柑曼怡酒（利口酒）……32㎖

低筋麵粉……128g

杏仁粉……64g

泡打粉……5g

潤飾用的柑曼怡酒……適量

需要準備的用具

18×8×6.5cm的磅蛋糕模具2個、烹調紙、磨泥器、網篩、多用途濾網、手持式電動攪拌器、橡皮刮刀、擠花袋、長尾夾、竹籤、刷子、網架、粗棉手套

烤箱

預熱至190℃，以170℃烘烤50分鐘。

品嚐時機與保存

剛做好的時候是最好吃的。保存時請用保鮮膜包好，在常溫下可保存1週，冷藏可保存2週。裝入冷凍保鮮袋等冷凍保存的話，最多可保存1～2個月。自然放置至解凍後即可品嚐。

advice

這裡介紹的是將蛋黃和蛋白分別打發再進行混合的方法。由於直接加到奶油裡的只有蛋黃而已，所以能夠防止油水分離所導致的失敗，烤出來的蛋糕質地也會更加輕盈。

事前準備
- 雞蛋回復至室溫。▶p.10
- 在模具內鋪上烹調紙。▶p.8 事前準備A
- 將香草莢縱向剖開，刮出種籽。
- 上白糖以網篩過篩。
- 發酵奶油用微波爐加熱軟化。▶p.10
- 將柳橙皮磨碎（只取橙色部分）。
- 在製作蛋白霜（步驟**3**）前，將低筋麵粉、杏仁粉和泡打粉混合過篩。

製作麵糊

1 將糖漬橙皮大略切碎放進缽盆裡，加入柳橙皮、柑曼怡酒，用手仔細搓揉至整體入味。

2 把鹽和刮出的香草籽加到軟化的奶油裡混合，用手持式電動攪拌器以中速攪打，直到顏色變白、呈濃稠狀為止。

加入⅓的蛋黃，用手持式電動攪拌器以高速攪打。攪拌均勻之後把剩下的蛋黃分3～4次加入，充分攪打至體積膨脹成2倍左右的蓬鬆狀態。

完成的蛋白霜

3 在乾淨的缽盆裡放入蛋白，加入一半分量的上白糖，用手持式電動攪拌器以高速打發。攪打至蓬鬆泛白後，加入剩下的上白糖，繼續打發至拉出的尖角會微微彎曲的狀態為止。

4 把**2**的蛋奶糊用手持式電動攪拌器以中速再攪打一下，調整質地。加入**1**的柳橙皮等，用橡皮刮刀仔細攪拌至整體均勻混合。

5 把一半分量的蛋白霜、已經過篩過的粉類、剩下的蛋白霜依序加入混合，每次加入後都要仔細攪拌均勻。

> 蛋白霜在加入之前，要用打蛋器再打發一下。全部加完之後必須充分攪拌，直到出現光澤及黏性為止。

烘烤

6 將擠花袋的開口用長尾夾封住，填入麵糊，平均擠入事先準備好的2個模具中，至八分滿即可。用橡皮刮刀把麵糊從中央往兩側推開，抹在模具的邊緣，讓中央呈現較低的狀態。

7 送入預熱好的烤箱中，溫度調降至170℃，烘烤50分鐘。用竹籤戳入蛋糕中央，沒有麵糊等沾附就表示烤好了。立刻用刷子塗上潤飾用的柑曼怡酒。從模具中取出，放在網架上冷卻。

橫田秀夫的 **抹茶蛋糕**

這個抹茶的磅蛋糕是從「菓子工房 Oak Wood」開幕以來持續提供至今的甜點之一。磅蛋糕是相當樸實、如日常穿著般的蛋糕。我長年在飯店製作豪華甜點，但因為抱持著想用前所未有的美味、讓更多本地大眾都能開心享用這種日常甜點的想法，所以一直持續製作著。這款蛋糕的特色在於鮮明的綠色，並以紅豆作為點綴。因為添加大量的抹茶粉，為了平衡抹茶的苦味，所以增加砂糖的分量，同時也營造出溼潤的口感。

材料 ●磅蛋糕模具2個份

全蛋……248g（約5個）
細砂糖……290g
無鹽奶油……82g
鮮奶油（乳脂肪含量38%）
　　……124g
低筋麵粉……208g
泡打粉……4g
抹茶粉……19g
大納言小豆（蜜紅豆）……120g

需要準備的用具
18×8×6.5cm的磅蛋糕模具2個、隔水加熱用的熱水、溫度計、竹籤、粗棉手套、網架、多用途濾網、烹調紙

烤箱
預熱至180℃，以160℃烘烤1小時。

品嚐時機與保存

從烤好的隔天開始就很好吃了。保存時請用保鮮膜包好，在常溫下可保存5天，冷藏可保存10天。裝入冷凍保鮮袋等冷凍保存的話，最多可保存1～2個月。自然放置至解凍後即可品嚐。

advice

因為加了鮮奶油，所以變得相當濃郁，屬於水分較多的麵糊。隔水加熱時要留意，別讓麵糊的溫度超過40℃。溫度太高的話會讓泡打粉的效果變差，溫度太低則會讓麵糊變得沉重紮實。

事前準備
● 雞蛋回復至室溫。▶p.10
● 奶油放進缽盆裡，隔水加熱融化之後加熱至36℃備用。▶p.10
● 在模具內鋪上烹調紙。
　▶p.8 事前準備A
● 將低筋麵粉、泡打粉、抹茶粉混合過篩。▶p.10

製作麵糊

1 在蛋裡加入細砂糖混合之後，隔水加熱至40℃，讓砂糖溶化。加熱後較不易生成麵筋，蛋糕質地也比較不容易變硬。

> 砂糖一定要完全溶化，以免有顆粒殘留在蛋糕中。

2 加入融化的奶油仔細攪拌混合，讓材料充分乳化。

加入冰涼的鮮奶油攪拌混合，將溫度調整至35℃。

4 把粉類篩入，用打蛋器快速地仔細攪拌均勻。由於是水分較多的麵糊，若慢慢攪拌的話，粉類會吸收水分而容易產生結塊，要特別注意。

攪拌至麵糊出現光澤，提起打蛋器時有少許痕跡殘留的程度即可。

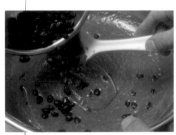

5 加入紅豆，用橡皮刮刀混合拌勻。攪拌至紅豆均勻分布在麵糊中就完成了。光澤度以照片中的狀態為標準。

烘烤

6 在鋪了紙的模具裡分別倒入530g，輕輕讓模具敲一下桌面，排出多餘的空氣。

7 送入預熱好的烤箱中，溫度調降至160℃，烘烤1小時。烘烤一段時間後，用竹籤戳入看看，沒有麵糊沾附就表示烤好了。

> 由於麵糊上色後，不容易從烘烤色澤判斷，所以改用竹籤戳入會比較準確。

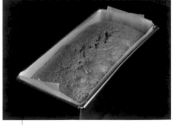

烤好之後立刻從模具中取出，放在網架上冷卻。

材料 ●磅蛋糕模具2個份

全蛋……186g（略多於3½個）
糖粉……270g
低筋麵粉……200g
可可粉……54g
泡打粉……6g
發酵無鹽奶油……230g
果乾
｜ 糖漬橙皮……460g
｜ 白無花果乾……230g
柑曼怡酒（利口酒）
　　……1大匙
柑曼怡酒糖漿
｜ 水……100g
｜ 細砂糖……120g
｜ 柑曼怡酒……200㎖
裝飾用
　 可可粉……適量

需要準備的用具

18×8×6.5cm的磅蛋糕模具2
個、烹調紙、多用途濾網、耐
熱容器、擠花袋、長尾夾、小
鍋、刷子、網架、粗棉手套、
薄紙、冰水

烤箱
預熱至180℃，以165℃烘烤
1小時。

品嚐時機與保存

從烤好的隔天開始約3天左右
是最佳品嚐時機。常溫可保
存1週，冷藏可保存2週。無
論常溫或冷藏，都必須用保
鮮膜緊密包好避免乾燥。

advice

融化奶油要使用熱騰騰呈清
澈狀態的奶油才行。冷掉的
話不只很難混合，烤出來的蛋
糕也會太乾。請務必徹底攪
拌，製作出柔滑細緻的麵糊。

金子美明的
巧克力蛋糕

這 是我非常喜歡的一份食譜，在家裡也經常製
作。它其實是前面介紹過的水果蛋糕的巧克力
版本，只是考量到和可可風味的搭配程度，所以把使用
的水果種類減少到只剩柳橙和無花果2種。麵糊本體只
要拌一拌就能簡單完成，雖然蛋糕本身的質感稍嫌厚重
了一點，不過水果添加的量很多，所以是放的時間愈久
質地就愈溼潤、果香味也會隨之增加的一款點心。

事前準備
- 雞蛋回復至室溫。▶p.10
- 在模具內鋪上烹調紙。
  ▶p.8 事前準備A
- 將糖粉過篩。

製作麵糊

將白無花果乾切成4～6等分，糖漬橙皮大略切碎。淋上柑曼怡酒，靜置一晚。

把準備好的蛋打散成蛋液。撒入過篩的糖粉，用打蛋器慢慢攪拌融合，避免拌入空氣。

參照p.92，把低筋麵粉、可可粉、泡打粉混合過篩2次，一口氣加進 **2** 裡，用橡皮刮刀攪拌混合。攪拌至沒有粉末感、出現光澤即完成。

混合完畢的狀態

4

把奶油切成約1cm厚放進耐熱容器裡，用微波爐加熱至完全融化。溫度約40℃。摸起來有點燙的程度是最好的。一口氣加進 **3** 裡，攪拌至均勻融合、呈現帶有光澤感的柔滑細緻狀態為止。

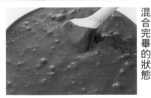

5 加入 **1** 的果乾，攪拌至均勻分布。

烘烤

6

把擠花袋的開口用長尾夾封住填入麵糊，再擠入事先準備好的2個模具中至八分滿。

用橡皮刮刀把麵糊從中央往兩側推開，抹在模具的邊緣，讓中央呈現較低的狀態。

7 送入預熱好的烤箱中，溫度調降至165℃，烘烤1小時（這段期間繼續進行步驟 **8**）。用竹籤戳入中央，沒有麵糊等沾附就表示烤好了。

潤飾完成

趁烘烤的期間製作糖漿。在小鍋裡倒入水和細砂糖煮至沸騰，細砂糖溶化後移入缽盆中，在盆底墊著冰水，冷卻之後加入柑曼怡酒。蛋糕烤好後立刻從模具中取出，放在網架上。趁熱用刷子在蛋糕和紙之間滴入大量糖漿。接著在上面也刷上糖漿。就這樣放涼後把紙剝除。把可可粉倒在薄紙上，讓冷卻的蛋糕沾滿可可粉。

苦甜巧克力
（可可脂含量55%）*……163g
蛋黃……163g（約8個）
細砂糖①……73g
發酵無鹽奶油……65g
鮮奶油（乳脂肪含量35%）
　　……33g
蛋白……143g（約5個份）
細砂糖②……82g
可可粉……82g
低筋麵粉……28g
糖煮格里奧特櫻桃
　格里奧特櫻桃（冷凍。瓶裝或
　罐頭▶p.95）……200g
　櫻桃酒……30g
　細砂糖……65g
裝飾用可可粉……適量

＊主廚使用的是法芙娜公司的
Equatoriale Noire（厄瓜多黑巧
克力）。

需要準備的用具
18×8×6.5cm的磅蛋糕模具2
個、烹調紙、溫度計、網篩、
多用途濾網、鍋子、手持式電
動攪拌器、擠花袋、長尾夾、
竹籤、網架、粗棉手套、濾茶
器、隔水加熱用的熱水

烤箱
預熱至190℃，以170℃烘烤
50分鐘。

品嚐時機與保存

剛做好的時候最美味。保存
時請用保鮮膜包好，在常溫
下可保存5天，冷藏可保存2
週。要冷凍保存也是可以，
只不過冷凍之後口感會變得
比較溼黏，所以並不建議。

advice

為了呈現輕盈的口感，將巧
克力、蛋黃、奶油、鮮奶油徹
底乳化是最重要的關鍵。因
此，必須將每項材料的液體
溫度維持在40℃進行混合，
尤其是奶油液，一定要特別
留意不能冷掉。糖煮格里奧
特櫻桃可保存2～3週。

安食雄二的
格里奧特櫻桃巧克力蛋糕

一般來說，磅蛋糕大多是以耐放為考量，但這份食譜是為了想更加強調素材的新鮮美味而設計出來的。是一款甜度較低、口感輕盈蓬鬆的巧克力蛋糕。如果切得厚一點，用加了櫻桃酒的糖漿熬煮過、酸酸甜甜的格里奧特櫻桃（酸櫻桃）就會整顆浮現出來。為了讓人品嚐格里奧特櫻桃的水潤口感，所以是以美味而非耐放為優先考量。由於剛做好的時候最美味，所以請儘快吃完。這款蛋糕不適合冷凍保存。

事前準備

前一天

● 製作糖煮格里奧特櫻桃。

當天

● 在模具內鋪上烹調紙。

　　▶p.8　事前準備A

● 以網篩過濾糖煮格里奧特櫻桃，瀝乾汁液。

● 將發酵奶油切成約1cm的厚度。

● 將苦甜巧克力切碎成適當大小，隔水加熱融化，讓溫度維持在40℃。

準備格里奧特櫻桃

1 把櫻桃酒和細砂糖用小火加熱，稍微煮滾片刻之後，放入格里奧特櫻桃。周圍開始冒泡後輕輕攪拌，煮到完全沸騰即可熄火。移入缽盆中，表面用保鮮膜覆蓋起來，放涼至不燙手的溫度後再放入冰箱冷藏靜置一晚。

> 櫻桃酒可能會引火燃燒，熬煮時請特別小心。

製作麵糊

2 把蛋黃打散，加入細砂糖①攪拌混合。混合後用50℃的熱水隔水加熱，邊攪拌邊讓溫度維持在40℃。

3 把準備好的發酵奶油和鮮奶油倒進鍋裡，以小火加熱煮至融化，保溫在40℃。

將約2大匙的**2**的蛋液加進融化的巧克力中，用打蛋器攪拌混合。開始凝固之後加入⅓的奶油液，充分攪拌至均勻為止。

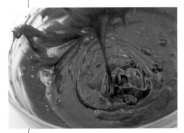

4 把剩餘蛋液的⅓和奶油液分成2次，交互地加入，每次加入後要充分攪拌均勻。再把剩餘的蛋液分3次加入，攪拌成柔滑細緻的狀態。在使用之前先隔水加熱保溫。

完成的蛋白霜

5 在缽盆裡倒入蛋白，加入細砂糖②，用手持式電動攪拌器以低速打散後，再改以中速打發。待出現光澤、泡沫變細緻之後轉回低速，繼續打發至拉出的尖角會微微彎曲的狀態為止。用打蛋器緩慢攪拌4～5次，調整質地。

6 在**4**的蛋奶糊裡加入半量的蛋白霜，以切拌的方式混合。在這裡混合至有白色紋路殘留的程度即可。把可可粉和低筋麵粉混合過篩，一口氣加入，徹底攪拌至出現光澤為止。

完成的麵糊

把剩下的蛋白霜先用打蛋器打發一下再加入，攪拌成整體帶有光澤感的濃稠狀態。

烘烤

7 把擠花袋的開口用長尾夾封住，填入麵糊，在事先準備好的2個模具中擠入約2cm高。撒上瀝乾汁液的格里奧特櫻桃，再將剩下的麵糊平均擠入。

8 送入預熱好的烤箱中，溫度調至170℃烘烤50分鐘。用竹籤戳入蛋糕中央，沒有麵糊沾附就表示烤好了。從模具中取出放在網架冷卻。把紙撕掉，用濾茶器在表面撒上可可粉。

和泉光一的
咖啡風味杏仁蛋糕

在加入杏仁膏營造綿密質感的麵糊中，層疊上咖啡與巧克力的味道，充滿奢華風味的一款甜點。香醇濃郁的蛋糕表面，以巧克力加以裝飾，巧克力內加入了香脆可口、顆粒大小適中的焦糖杏仁。杏仁的香味和口感，恰到好處地強調出蛋糕的美味。以剩下的裝飾用巧克力製作一口巧克力也很美味。請搭配咖啡一起享用。

材料 ●磅蛋糕模具2個份

生杏仁膏（▶p.95）……200g

全蛋……150g（約3個）

蛋黃……60g（約3個）

上白糖……73g

蜂蜜……20g

中筋麵粉（▶p.74）……70g

泡打粉……1g

無鹽奶油……73g

摩卡風味牛奶巧克力
　（可可脂含量36%）*……40g

披覆用巧克力（▶p.95）……150g

咖啡利口酒……6g

濃縮咖啡精**（▶p.95）……13g

咖啡糖漿
| 水……200g
| 細砂糖……175g
| 咖啡利口酒……154g

焦糖杏仁
| 杏仁角……50g
| 細砂糖……16g
| 水……8g

咖啡豆……適量

模具用
| 無鹽奶油……適量
| 高筋麵粉……適量

＊如果買不到，可以用牛奶巧克力代替。
＊＊主廚使用的是法國品牌Trablit。

需要準備的用具

18×8×6.5cm的磅蛋糕模具2個、溫度計、手持式電動攪拌器、單柄鍋、木鏟、網篩、多用途濾網、粗棉手套、拋棄式透明手套、大型容器（這裡用的是密封容器）、網架、淺盤（或報紙）、耐熱容器、湯匙、刷子、烹調紙、隔水加熱用的熱水、小鍋

烤箱

預熱至180℃，以160℃烘烤40分鐘。

品嚐時機與保存

做好當天就很好吃了。保存時請用保鮮膜包好，在常溫下可保存1週，冷藏可保存2週。在裝飾前包上保鮮膜、裝入冷凍保鮮袋等冷凍保存的話，最多可保存1～2個月。要品嚐前放到冷藏室解凍即可。

事前準備

● 雞蛋回復至室溫，打散成蛋液。
　▶p.10

● 模具刷上一層乳霜狀的奶油，撒上高筋麵粉。▶p.8 事前準備B

● 把摩卡風味牛奶巧克力和披覆用巧克力切成適當大小。

● 把咖啡利口酒和濃縮咖啡精混合，製作咖啡液。

● 奶油用微波爐或隔水加熱至融化。
　▶p.10

● 上白糖以網篩過篩。

advice

杏仁膏要先加熱至容易延展開的柔軟度。趁著還有熱度的時候和蛋混合完畢。若買不到咖啡精的話，可將即溶濃縮咖啡粉和水以2：1的比例泡成濃咖啡來利用。

製作焦糖杏仁

1

在單柄鍋裡倒入細砂糖和水，以大火煮溶。變成糖漿狀之後熄火，加入杏仁角沾裹均勻。再次以大火加熱，同時用木鏟不停攪拌，徹底加熱至冒煙且有點焦味出現為止。移至耐熱容器中放涼備用。

> 加熱到焦黑炭化是不行的，但深度焦糖化增添苦味後，反而能讓這道甜點的風味更加平衡。

製作咖啡麵糊

2

把杏仁膏用微波爐加熱約10秒，讓溫度上升至約55℃。在鉢盆裡倒入分量⅙的打散全蛋液，將加熱過的杏仁膏撕成小塊加入，再用打蛋器攪拌至融合為止。

把剩下的蛋液分4～5次，逐次少量地加入，每次加入後都要攪拌成沒有結塊、柔滑細緻的狀態。

一口氣加入所有的蛋黃，攪拌至均勻融合為止。

到這裡為止的作業，都要在杏仁膏還有熱度時迅速完成。請先用手摸一下缽盆底部，確認熱度之後再進行。

3

加入上白糖和蜂蜜，用打蛋器攪拌。融合之後再改用手持式電動攪拌器，以中速在缽盆中央慢慢地以畫圓的方式移動，打發至舀起蛋糕時會如緞帶般滑落並留下痕跡的狀態為止。

由於杏仁膏含有油脂不易打發，所以在變成緞帶狀之前得花點時間慢慢打發。途中要不時用橡皮刮刀把附著在缽盆周圍的蛋糊刮下來一起打發。

理想的打發狀態

將手持式電動攪拌器轉為低速，慢慢用畫圓的方式移動2分鐘左右，調整質地。

這是要讓氣泡變得細緻均勻的作業，所以不需喀啦喀啦也移動手持式電動攪拌器。

4

加入事先準備好的咖啡液，用打蛋器攪拌均勻。

把中筋麵粉和泡打粉混合過篩，一口氣加入，用橡皮刮刀攪拌混合。攪拌至沒有粉末感且出現光澤後就完成了。在粉類均勻融合的狀態下，再攪拌4～5次，稍微出現光澤之後就停手。

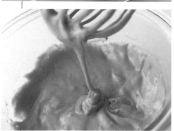

5 將融化奶油再次加熱至50℃左右。在這裡先舀起1杓的 **4** 加進去，用打蛋器徹底攪拌至完全融合。

若使用冷掉的融化奶油，蛋糕烤好放涼後側面會凹陷。

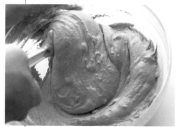

倒回剩餘的 **4** 的麵糊裡，加入切碎的巧克力混合。整體混合均勻即可。

烘烤

6

把麵糊倒入事先準備好的2個模具中，用橡皮刮刀的前端輕輕攪拌一下，待麵糊均勻分布後再抹平表面。

7

送入預熱好的烤箱中，溫度調降至160℃，烘烤40分鐘（這段期間繼續進行步驟 **8**）。烤得恰到好處的蛋糕，整體會呈現出漂亮的焦黃色澤，摸起來紮實而富有彈性。

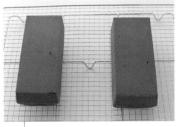

烤好之後立刻從模具中取出，倒扣在網架上。

因為模具底的平坦面會朝上，所以必須倒扣擺放，讓膨脹凸起的部分變平。放置時間約2～3分鐘。

潤飾完成

8

製作咖啡糖漿。把細砂糖和水倒進小鍋裡，開火加熱，製作糖漿。放涼之後加入咖啡利口酒混合。把液體倒進大型容器中，將烤好的蛋糕依照側面、上面、底面的順序快速浸泡一下，每一面浸泡5秒左右即可。

如果戴上拋棄式透明手套處理，就不會把手弄得黏答答的，可以順暢完成後續的步驟。

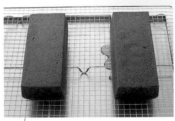

底面朝上擺放在網架上，直到完全冷卻為止。由於會有糖漿滴落，所以網架底下最好用淺盤之類墊著。

裝飾

9

把事先準備好的巧克力和披覆用巧克力，以用微波爐加熱30秒就攪拌3分鐘的方式升溫至40℃後，再仔細攪拌直到完全融化、沒有結塊殘留為止。

把 **1** 的焦糖杏仁用手捏碎，加入並混合拌勻。

用刷子沾取，在 **8** 的上方表面塗抹均勻。

在冷卻凝固之前，把沾黏在邊角的部分用指尖抹掉，撒上咖啡豆。

用剩餘材料再做一道

以裝飾用的巧克力製成的
杏仁巧克力

用湯匙舀起一口分量的裝飾用巧克力，放在烹調紙上再壓成圓形，直接放置在室溫凝固之後，充滿杏仁香氣的一口巧克力就完成了。也很推薦當成包覆餅乾的糖衣使用。

奧田 勝的
裸麥果仁糖蛋糕

以2種不同的麵糊製作而成，稍有難度的一款蛋糕。把添加中粗磨裸麥粉的果仁糖風味磅蛋糕麵糊，用可可風味的達克瓦茲麵糊包圍起來。利用達克瓦茲表面酥脆、內部溼潤的口感差異，搭配嚐得到裸麥顆粒及特殊風味的果仁糖蛋糕。可可和果仁糖的風味完美結合，形成了絕妙的和聲。帶有肉桂香氣的糖煮葡萄乾是特色所在。雖然很費工，還是希望大家做一次看看，這是我非常推薦的食譜。

材料 ●磅蛋糕模具2個份

糖煮葡萄乾

葡萄乾……100g

A ｛
水……160g
細砂糖……40g
香草莢……豆莢10cm
肉桂棒……⅓根
｝

果仁糖麵糊

無鹽奶油……128g

果仁糖（杏仁▶p.95）……80g

細砂糖（極細顆粒▶p.74）……136g

全蛋……136g（略少於3個）

低筋麵粉……96g

裸麥粉（中粗磨▶p.74）……80g

達克瓦茲麵糊

蛋白、細砂糖、杏仁粉……各204g

可可粉……40g

模具用

無鹽奶油……適量
高筋麵粉……適量

需要準備的用具

18×8×6.5cm的磅蛋糕模具2個、直徑30cm左右的缽盆、擠花袋2個、直徑1cm的圓形擠花嘴、多用途濾網、L型抹刀、湯匙、烹調紙、烤盤（烘烤用之外再多準備1個）、單柄鍋、竹籤、網架、粗棉手套

烤箱

預熱至190℃，以170℃烘烤20＋40分鐘。

品嚐時機與保存

放涼至不燙手的溫度後吃起來特別蓬鬆柔軟，非常美味。常溫可保存1週，冷凍可保存2週。無論常溫或冷凍，都必須用保鮮膜緊密包好以防乾燥。自然放置至解凍後即可品嚐。

advice

蛋白要加熱至人體肌膚的溫度（32～33℃）才容易打發。但是加入砂糖的時機若是配合得不好的話，反而會讓蛋白消泡。蛋白打散、開始起泡的時候先加入少量的砂糖，等到周圍開始冒出極細小的泡沫時，再把剩下的砂糖逐次少量地加入打發。這裡用的是打蛋器，若要使用手持式電動攪拌器也OK。

事前準備

● 奶油置於室溫軟化。▶p.10

● 雞蛋回復至室溫。▶p.10，打散之後以多功能濾網過濾。

● 蛋白回復至室溫。▶p.10

● 將烹調紙裁切成烤盤的大小。

● 模具抹上奶油，撒上高筋麵粉。▶p.9 事前準備C

● 果仁糖麵糊用的低筋麵粉和裸麥粉混合過篩。

葡萄乾的準備

製作糖煮葡萄乾。把葡萄乾用熱水仔細洗淨，瀝乾水分。在單柄鍋裡倒入A，稍微攪拌一下，開火加熱。待細砂糖完全溶化變成糖漿後放入葡萄乾，煮到葡萄乾膨脹起來為止。煮好之後取出100g的分量，瀝乾糖漿備用。

製作 果仁糖麵糊

把軟化的奶油用打蛋器攪拌成沒有結塊的乳霜狀。將細砂糖分成2～3次加入，充分攪拌至融合為止。

加入分量½的果仁糖，攪拌均勻後再將剩餘的果仁糖都加入攪拌。

把事先準備好的蛋液少量地分5～6次加進去，每次加入後都要充分攪拌至均勻融合為止。

攪拌成帶有黏性、柔滑細緻的麵糊。

5

把事先準備好的粉類的⅓分量加進 **4** 裡，用橡皮刮刀以從底部舀起的方式翻拌均勻。攪拌到沒有粉末感之後，把剩下的粉類加入，繼續攪拌至出現光澤為止。

6

把在步驟 **1** 取出的100g葡萄乾分2次加進麵糊裡，每次加入後都要攪拌至均勻分布。

完成的麵糊

完成的果仁糖麵糊。在使用之前先以保鮮膜覆蓋，放置於室溫中備用。

製作
達克瓦茲麵糊

7

準備1個直徑30cm左右的缽盆，倒入蛋白之後直接開火加熱，同時用打蛋器不停地攪拌，直到溫度上升至人體肌膚的溫度後離火。

> 攪拌時要不停地將缽盆左右移動。

要持續打發不能停手，在蛋白打散、開始起泡時先加入一小撮細砂糖，打發至整體泛白為止。

蛋白的周圍冒出細小泡沫時，把剩下的細砂糖分5～6次，逐次少量地加入打發。

完成的蛋白霜

打發至出現光澤，能夠拉出挺立尖角的狀態為止。

8

把杏仁粉和可可粉混合過篩，一口氣加入 **7** 裡，用橡皮刮刀以從底部舀起的方式翻拌混合。

完成的麵糊

攪拌全沒有粉末感，出現光澤之後就完成了。

組合

9

把達克瓦茲麵糊填入裝好圓形擠花嘴的擠花袋裡，如照片所示，擠在事先準備好的模具底部和側面。

用L型抹刀把擠在側面的麵糊抹平。

10 在另一個擠花袋裡填入果仁糖麵糊，擠入模具中。

用湯匙背面把表面抹平。

11 用剩下的達克瓦茲麵糊把表面覆蓋起來。

用L型抹刀抹平表面。

以指尖抹掉附著在模具邊緣的麵糊，順便做出溝痕。

> 這道手續是為了讓蛋糕在烘烤的過程中順利膨脹高起。

烘烤

12

送入預熱好的烤箱中，溫度調降至170℃，烘烤20分鐘。

烘烤20分鐘後，連同烤盤一起取出，蓋上事先準備好的烹調紙，再用另一個烤盤壓住。記得戴上粗棉手套避免燙傷。

為了防止蛋糕膨脹，所以要用另一個烤盤壓住。再次送入烤箱中以170℃烘烤40分鐘。用竹籤戳中央，沒有麵糊沾附就表示烤好了。若沾上麵糊的話，就再烤5分鐘。

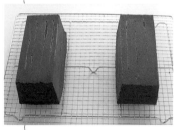

13 烤好之後直接放涼。大致放涼後從模具中取出，倒扣在網架上，直到完全冷卻。

和泉光一的
紅色開心果蛋糕

這次介紹的是以莓果風味麵糊加上開心果風味麵糊做成雙層結構、不太常見的蛋糕食譜。濃郁的開心果風味當中，散發出黑醋栗和覆盆子的酸味，可以品嚐到對比鮮明的美味。鮮豔的外觀及口感和風味差異，都是其迷人之處。看起來似乎很困難，但麵糊只要用食物調理機依序混合就能完成。表面以黑醋栗風味的糖霜裝飾。是一款無論宴客或送禮都很適合的華麗磅蛋糕。

材料 ●磅蛋糕模具2個份

開心果麵糊

無鹽奶油……50g

糖粉……84g

全蛋……60g（約1⅕個）

蛋黃……30g（約1½個）

杏仁粉……40g

開心果泥（▶p.95）

……40g

低筋麵粉……36g

泡打粉……1g

紅色麵糊

無鹽奶油……200g

糖粉……250g

鹽……2g

全蛋（打散成蛋液）……150g（約3個份）

覆盆子泥

（冷凍。加10%糖。▶p.95）……62g

黑醋栗泥（冷凍。加10%糖。▶p.95）

……62g

低筋麵粉……62g

玉米粉……62g

泡打粉……12g

冷凍黑醋栗……60g

黑醋栗風味糖霜

糖粉……100g

水……5g

黑醋栗利口酒……22g

裝飾

杏桃果醬……100g

開心果（去皮）……10個

模具用

無鹽奶油……適量

高筋麵粉……適量

需要準備的用具

18×8×6.5cm&17×7×6.5cm的磅蛋糕模具各2個、烹調紙、食物調理機、多用途濾網、擠花袋、長尾夾、抹刀、蛋糕刀、耐熱容器、湯匙、單柄鍋、刷子、網架、粗棉手套

烤箱

預熱至180℃，以160℃烘烤40分鐘。

品嚐時機與保存

做好當天就很好吃了。保存時請用保鮮膜包好，冷藏可保存1週。在烘烤前填入模具的狀態下冷凍起來的話，最多可保存1個月。在冷凍的狀態下直接烘烤完成即可品嚐。

前一天

製作開心果麵糊

事前準備

● 在小的磅蛋糕模具內鋪上烹調紙。

▶p.8 事前準備A

● 奶油置於室溫軟化。

▶p.10

● 全蛋和蛋黃一起打散成蛋液。

1

把軟化的奶油倒進食物調理機中稍微攪拌一下，打成乳霜狀。

> 因為磨擦會產生熱能，所以要小心別讓奶油融化。

加入糖粉繼續攪拌，融合之後把事先準備好的蛋液分成2次加入混合。

> 途中要不時用橡皮刮刀把沾到周圍的材料刮下來混合。

加入杏仁粉和開心果泥，攪拌至沒有粉末感、變成柔滑細緻的麵糊為止。

完成的麵糊

移入缽盆中，把低筋麵粉和泡打粉混合過篩，一口氣加入，用橡皮刮刀混合拌勻。攪拌至沒有粉末感、出現光澤就完成了。

把麵糊平均倒入鋪了紙的2個較小的模具中，抹平表面。放進冷凍庫冷凍一晚備用。

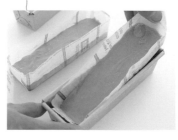

冷凍後堅硬的狀態

製作紅色麵糊

組合、烘烤

潤飾完成

- 在大的磅蛋糕模具刷上一層乳霜狀的奶油，撒上高筋麵粉。
  ▶p.8 事前準備B
- 奶油置於室溫軟化。
  ▶p.10
- 雞蛋回復至室溫，打散成蛋液。

3 把擠花袋的開口用長尾夾封住，裝入約一半分量的紅色麵糊，在事先準備好的2個模具中擠入約2cm高。

5 待**4**完全冷卻之後，用蛋糕刀把膨脹的部分切掉。

2 把軟化的奶油倒進食物調理機中，稍微攪拌一下，攪打成乳霜狀。加入糖粉、鹽繼續攪拌，融合之後把事先準備好的蛋液分2次加入混合。途中要不時用橡皮刮刀把沾到周圍的材料刮下來混合。

把冰凍的開心果麵糊置於中央，從上方輕壓，讓麵糊下沉。把剩下的紅色麵糊裝入擠花袋，平均地擠在上方。

6 把杏桃果醬倒進小鍋裡，開小火加熱，煮成能夠流動的濃稠液狀。用刷子依序塗在蛋糕的側面、上面。

變得蓬鬆泛白後，依序加入覆盆子泥和黑醋栗泥，攪拌成柔滑細緻的麵糊。

4 用160℃的烤箱烘烤1小時。從模具中取出後倒扣在網架上放涼，讓表面變平。由於剛出爐時非常柔軟，所以要利用蛋糕刀輕輕放置。

7 製作黑醋栗風味糖霜。把糖粉和水倒進耐熱容器裡混合之後，加入黑醋栗利口酒，充分攪拌均勻。用微波爐加熱約10秒，讓溫度上升至30℃左右，繼續攪拌至變成濃稠狀態。用湯匙舀起，以畫斜線的方式淋在蛋糕表面上。在冷卻凝固之前，把沾黏在側面的部分抹掉，撒上剝成兩半的開心果。

移入鉢盆中，將粉類混合過篩後一口氣加入，用橡皮刮刀混合拌勻。攪拌至沒有粉末感且出現光澤後，加入冷凍黑醋栗混拌均勻。

第2章

大受歡迎的
美式蛋糕

這個章節要介紹美式風味的磅蛋糕。例如適合搭配咖啡的胡蘿蔔蛋糕和香甜蛋糕，以及最近開始流行、可當作輕食或小吃的「法式鹹蛋糕」等等。長年受到美國家庭喜愛、不加裝飾的美味，相信一定會讓人忍不住一做再做。

吉野陽美的 **胡蘿蔔蛋糕**

美式磅蛋糕最大的魅力就在於不拘泥於細節。雖然看起來很容易顯得平凡，但只要配上咖啡就會給人一種特別、興奮雀躍的感覺。我過去待在紐約時，就愛上了這種烘焙甜點，希望把它的美味傳達給更多人，所以在重視古老配方的同時，也不忘在味道及口感上下工夫。用新鮮胡蘿蔔製成的胡蘿蔔蛋糕，是我一直以來都很喜愛的甜點之一。蛋糕本身的溼潤口感和香料的香氣、核桃的香味，以及如牛奶般柔順的奶油乳酪糖霜皆合為一體。非常建議搭配咖啡一起品嚐。

材料 ●磅蛋糕模具2個份

沙拉油……200g
全蛋……4個
紅糖……180g
原味優格……60g
牛奶……60g
低筋麵粉……260g
泡打粉……2小匙
蘇打粉……1½小匙
肉桂粉……2小匙
肉豆蔻粉……1小匙
薑粉……½小匙
鹽……1小撮
胡蘿蔔……150g
椰子絲……40g
鳳梨（罐頭）……4片
葡萄乾……80g
核桃……60g
奶油乳酪糖霜
奶油乳酪……260g
細砂糖……40g
鮮奶油……20g

需要準備的用具

18×8×8cm的磅蛋糕模具2個、刨絲器（刨片器）、抹刀、多功能濾網、粗棉手套、網架、烹調紙

烤箱

預熱至200℃，以180℃烘烤約50分鐘。

品嚐時機與保存

從烤好的隔天開始就很好吃了。保存時請用保鮮膜包好，冷藏可保存4天。不建議冷凍保存。

事前準備

● 雞蛋回復至室溫。▶p.10
● 低筋麵粉、泡打粉、蘇打粉、鹽、香料粉類混合過篩。▶p.10
● 胡蘿蔔用刨絲器（刨片器）刨成細絲。
● 將罐頭鳳梨瀝乾水分，大略切碎備用。
● 從冰箱冷藏室取出奶油乳酪，回復至室溫。
● 在模具內鋪上烹調紙。
　▶p.8 事前準備A

＊流程照片是以材料的一半分量製作。

製作麵糊

1

把蛋打進缽盆裡，加入沙拉油。

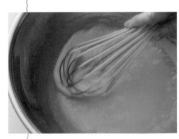

用打蛋器攪拌混合，讓材料徹底乳化。沒有徹底乳化的話，烤出來的質地會很粗糙。

> 若有油水分離的現象，請先靜置10分鐘左右再繼續攪拌看看。

篩入紅糖。

> 如果不小心加入殘留在網篩裡的大顆粒也沒關係。

2

改用橡皮刮刀，攪拌到產生黏性及濃稠感為止。直到整體呈現厚重狀態前，都要仔細攪拌均勻。

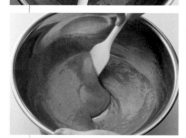

加入原味優格和牛奶，混合拌勻。

3

加入混合過篩的低筋麵粉、泡打粉、蘇打粉、鹽、香料粉。

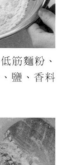

在還殘留不少粉末的狀態下停止攪拌。若是在這裡攪拌過頭的話，烤出來的蛋糕口感會變差，請多加留意。

4

把胡蘿蔔、鳳梨、葡萄乾、核桃、椰子絲一次全部加入，充分攪拌均勻。

> 為了讓食材保有口感，所以要切得略粗一點。

混合完畢的狀態

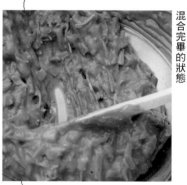

攪拌至整體變得濃稠厚重、出現光澤就完成了。

烘烤

5

在事前準備好的模具裡，分別各倒入一半分量的麵糊。

烤好之後連同模具在檯面輕敲2下，讓蛋糕內部的熱空氣和外部的冷空氣交換。從模具中取出蛋糕置於網架上，大略放涼後再用保鮮膜包覆起來，放入冰箱冷藏。

用抹刀把奶油乳酪糖霜塗抹開來。四個角落的位置要特別仔細地抹出角度。

6

將模具在工作檯上輕輕敲幾下，再將表面抹平。

> 若模具摔在檯上或敲打得太過用力，會讓配料沉到底下。操作時請多留意。

送入預熱好的烤箱，溫度調降至180℃，烘烤約50分鐘。

潤飾完成

7

製作奶油乳酪糖霜。在缽盆裡倒入軟化的奶油乳酪和細砂糖，加入鮮奶油，攪拌混合成乳霜狀。

> 製作糖霜用的奶油乳酪，為了和蛋糕的辛香味取得平衡，建議選用乳香味強烈一點的會比較美味。

把蛋糕從冰箱取出，分別舀起一半分量的奶油乳酪糖霜放在蛋糕上方。

再次用保鮮膜包覆起來，放入冰箱冷藏1小時以上，讓奶油乳酪糖霜冷卻凝固。

吉野陽美的 櫛瓜蛋糕

紐約這個地方，除了不斷有新的料理和甜點誕生之外，也有超過百年歷史、現在仍能吃得到的老奶奶的味道。這款櫛瓜蛋糕就是在美國擁有悠久歷史的點心之一。添加了大量以刨絲器刨碎的櫛瓜，不但完全沒有蔬菜的生味，溼潤、Q彈的口感加上淡淡的肉桂香氣，其美味程度可能會讓人大吃一驚。和胡蘿蔔蛋糕一樣，麵糊中使用的是沙拉油，以此呈現素材的原味，也能品嚐到溼潤的口感。

材料 ●磅蛋糕模具2個份

沙拉油……200g
細砂糖……250g
糖蜜……20g
全蛋……3個
低筋麵粉……240g
泡打粉……1小匙
蘇打粉……2小匙
肉桂粉……4小匙
鹽……1小撮
櫛瓜……320g（約2條）
葡萄乾……80g
核桃……60g

需要事前準備的用具

18×8×8cm的磅蛋糕模具2個、刨絲器（或刨片器）、湯匙、網架、粗棉手套、烹調紙、多功能濾網

烤箱

預熱至200℃，以180℃烘烤48分鐘。

品嚐時機與保存

從烤好的隔天開始就很好吃了。保存時請用保鮮膜包好，在常溫的涼爽場所可保存4天，冷藏可保存1週。裝入冷凍保鮮袋等冷凍保存的話，最多可保存2週。自然放置至解凍後即可品嚐。

advice

請挑選不含太多水分的櫛瓜。因為水分過多的話，蛋糕就容易塌陷，口感也會變差。

＊流程照片是以材料的一半分量製作。

事前準備

● 雞蛋回復至室溫。▶p.10
● 低筋麵粉、肉桂粉、泡打粉、蘇打粉、鹽混合過篩。▶p.10
● 櫛瓜用刨絲器刨成比一般切絲略粗一點的絲狀。
● 在模具內鋪上烹調紙。▶p.8 事前準備A
● 核桃用烤箱稍微烘烤一下。

製作麵糊

1 在缽盆裡依序倒入沙拉油、細砂糖、糖蜜、全蛋,用橡皮刮刀仔細地攪拌,讓材料乳化。

完全乳化後質地會變濃稠,並呈現充滿彈性的質感。

2 把過篩的粉類一口氣加入,混合拌勻。

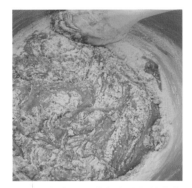

攪拌至略有粉末殘留的狀態時就停止。這個步驟不要過度攪拌。

3 一次加入櫛瓜絲和葡萄乾。

攪拌至櫛瓜分布均勻,麵糊材料完全融合並出現光澤為止。用橡皮刮刀以從缽盆邊緣刮起的方式翻拌均勻。

> 櫛瓜滲出的水分,剛好能讓麵糊保持溼潤感。

烘烤

4 把麵糊倒入模具中,利用橡皮刮刀抹平。在表面各撒上30g的核桃,以湯匙背面輕輕壓平。

送入預熱好的烤箱中,溫度調降至180℃,烘烤約48分鐘。烤好之後從模具中取出,置於網架上放涼。

吉野陽美的 **香蕉蛋糕**

這款香蕉蛋糕彈性十足，一切開後香蕉的香氣立刻撲鼻而來，是在日本也有高人氣的美式蛋糕。在美國自古以來都是當成點心或輕食享用。為了更加突顯出香蕉的濃郁風味，油脂部分是使用打發的奶油，而不是沙拉油。麵糊要充分攪拌以產生恰到好處的黏性，才能呈現出些微沉甸、帶有重量的質感。烘烤過的核桃香氣，完美提升了整體的風味。

材料 ●磅蛋糕模具2個份

無鹽奶油……150g
紅糖……240g
糖蜜……20g
全蛋……2個
低筋麵粉……320g
泡打粉……1/2小匙
蘇打粉……2小匙
鹽……1小撮
香蕉……460g
蘭姆酒……20g
核桃……60g
香蕉……1條（裝飾用）

需要準備的用具

18×8×8cm的磅蛋糕模具2個、手持式電動攪拌器、多功能濾網、粗棉手套、網架、烹調紙

烤箱
預熱至200℃，以180℃烘烤48分鐘。

品嚐時機與保存

從烤好的隔天開始就很好吃了。保存時請用保鮮膜包好，在常溫的涼爽場所可保存4天，冷藏可保存1週。不建議冷凍保存。

advice

· 要加進麵糊裡的香蕉，最好使用開始長出黑斑的香蕉，且不要壓成太細緻的泥狀。

· 這款蛋糕在美式蛋糕當中，算是比較能感受到麵粉厚重感及濃郁感的配方。為了呈現出濃郁感，製作麵糊時請務必充分攪拌，直到產生光澤及恰到好處的黏性為止。

＊流程照片是以材料的一半分量製作。

事前準備
- 雞蛋回復至室溫。▶p.10
- 奶油置於室溫軟化。冬天要軟化成美乃滋狀。夏天則要稍微硬一點。
- 將要加進麵糊裡的香蕉去皮，放入缽盆中稍微壓成泥備用。在同一個缽盆中加入指定分量的蘭姆酒。
- 粉類混合過篩備用。
- 核桃烘烤後輕輕剝除澀皮，大略切碎備用。
- 在模具內鋪上烹調紙。
  ▶p.8 事前準備A

製作麵糊

1 在缽盆裡加入奶油，用橡皮刮刀輕輕壓散，加入紅糖、糖蜜，用手持式電動攪拌器以高速攪拌至泛白為止。攪拌時要一邊將攪拌器的攪拌頭抵著缽盆底部，快速旋轉移動。途中要不時用橡皮刮刀把沾到周圍的材料集中到缽盆中央，一起攪拌混合。

2 把稍微打散的全蛋液分成2次加入，以低速攪拌混合。緩緩移動攪拌器，等第1次的蛋液攪拌均勻之後，把材料聚集到中央，再加入第2次的蛋液。

邊將材料聚集到中央邊攪拌混合，直到出現光澤和彈性、呈絨毛狀後移開攪拌器。

3 加入過篩的粉類，用橡皮刮刀以翻拌方式混合。混合至仍有少許粉末殘留時就停止。

4 加入事先壓成泥的香蕉和蘭姆酒，以翻拌的方式混合。

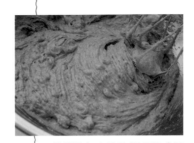

整體拌勻之後改用手持式電動攪拌器，以低速攪拌同時慢慢在缽盆裡移動3圈。攪拌到整體出現光澤、呈現厚實的質感就混合完成了。

5 加入核桃，用橡皮刮刀混合拌勻。

烘烤

6 用橡皮刮刀舀起麵糊，讓麵糊如滑落般地填入模具裡。

把表面抹平，放上剝皮之後對半縱切的香蕉當作裝飾。

7 送入預熱好的烤箱中，溫度調降至180℃，烘烤48分鐘。烤好之後從模具中取出，置於網架上放涼。

森岡 梨的 **香甜蛋糕**

我的店裡主要是製作馬芬和餅乾，不過磅蛋糕切開之後的樣子，真的可愛極了呢！這道食譜原本是用馬芬模具烘烤的，但我為了本書，下了點工夫調整成磅蛋糕用的配方。改用磅蛋糕模具烘烤後，口感變得更滋潤了。這是一款充滿鄉村風樸實氛圍、令人感到安心的美味蛋糕。並以酸奶油增加香醇及清爽的風味。請好好享受撒在表面的香草糖香氣及咬下時的口感吧！

材料 ●磅蛋糕模具2個份

麵糊

- 無鹽奶油……175g
- 細砂糖……210g
- 酸奶油……70g
- 全蛋……180g（L尺寸3個）
- 低筋麵粉……400g
- 泡打粉……3小匙
- 牛奶……175㎖

香草糖（▶p.63下方）……適量
模具用的無鹽奶油……適量

需要準備的用具

18×8×6.5cm的磅蛋糕模具2個、多用途濾網、刷子、湯匙、網架

烤箱

預熱至200℃，以180℃烘烤40～45分鐘。

品嚐時機與保存

剛做好的時候是最好吃的。保存時請用保鮮膜包好，在常溫下可保存2天。放涼的蛋糕可用小烤箱等加熱。如果要冷凍保存的話請先切成厚度適中的薄片，再1片1片用保鮮膜包好，裝入冷凍保鮮袋等冷凍起來，最多可保存1個月。自然放置至解凍後即可品嚐。

advice

在混合蛋液的階段，即使多少有不均勻的現象也不要緊。請不用擔心，繼續做下去。不過酸奶油一定要在加入蛋之前就要加入。這個順序一旦出錯的話，就會導致油水完全分離。粉類和牛奶要交互著加入，最後以粉類作結束。

事前準備
● 奶油置於室溫軟化。▶p.10
● 雞蛋回復至室溫，打散成蛋液。▶p.10
● 在模具塗上融化奶油。▶p.9 事前準備D
● 低筋麵粉、泡打粉混合過篩。▶p.10

製作麵糊

1 把軟化的奶油用打蛋器以摩擦盆底的方式攪拌成乳霜狀，然後將砂糖分3～4次逐次少量地加入，充分拌入空氣，打成蓬鬆泛白的狀態。

2 把酸奶油分成3～4次，逐次少量地加入，每次加入後都要充分攪拌混合。

混合完畢的狀態

3 把事先準備好的蛋液分成4～5次，逐次少量地加入，每次加入後都要充分攪拌至均勻為止。

完成的麵糊

加入⅓分量過篩的粉類，用橡皮刮刀以從底部舀起的方式翻拌5～6次。在仍有少許粉末殘留的狀態下，加入½的牛奶混合拌勻。在這之後依照粉類、牛奶的順序加入混合，最後把剩下的粉類加入，攪拌至沒有粉末殘留、出現光澤為止。

烘烤

5 把麵糊分成2等分，用湯匙舀入事先準備好的2個模具中，均勻地攤開後抹平表面。

6 在表面撒上大量的香草糖。

7 送入預熱好的烤箱，溫度調降至180℃，烘烤40～45分鐘。

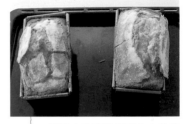

烤到中央的裂痕充分上色就完成了。若還有泛白的部分就再烤5分鐘左右。大略放涼後就從模具中取出，置於網架上冷卻。

香草糖

加進紅茶裡就成了芳香的香草茶，大量裹在餅乾麵團或派皮上烘烤的話，就是一道奢華的甜點。

材料 ●易於製作的分量
香草莢……豆莢20cm（1枝）
細砂糖……200g

需要準備的用具
密封容器（果醬空瓶等）

1 把香草莢縱向切開，刮出香草籽。
2 把細砂糖和香草籽充分混合均勻。
3 放入密封的容器中，再放入香草莢蓋上蓋子，靜置2～3個禮拜，讓香氣轉移到砂糖裡。

森岡 梨的 **新鮮莓果蛋糕**

在香甜蛋糕的麵糊裡加入大量草莓和覆盆子製成的可愛蛋糕。

在口中擴散開來的莓果風味及顆粒口感是其迷人之處。

特別在蛋糕中添加肉桂粉，增加了韻味。

製作麵糊

1 參照p.63的 **1**～**4**，製作香甜蛋糕麵糊，加入肉桂粉混合均勻。

2 保留適量草莓和覆盆子作為裝飾用，其餘的全部加進麵糊裡混合。

烘烤

3 參照p.63的 **5**，把麵糊填入模具中，撒上莓果類。

4 送入預熱好的烤箱中，溫度調降至180℃，烘烤40～45分鐘。烤到中央的裂痕充分上色就完成了。大略放涼後從模具中取出，置於網架上冷卻。

5 製作糖霜。將糖粉和香草油混合，再將水一點一點地加入攪拌至呈濃稠狀。用湯匙舀起糖霜，以畫斜線的方式淋在 **4** 的上面。

材料 ●磅蛋糕模具2個份

香甜蛋糕麵糊（▶p.62）
……全部的分量

肉桂粉……3小匙

草莓……8～10顆

覆盆子……24～30顆

糖霜

- 糖粉……100g
- 香草油……少許
- 水……適量

模具用的無鹽奶油……適量

需要準備的用具

18×8×6.5cm的磅蛋糕模具2個、多用途濾網、刷子、湯匙、網架

烤箱

預熱至200℃，以180℃烘烤40～45分鐘。

事前準備

- 奶油置於室溫軟化。▶p.10
- 雞蛋回復至室溫，打散成蛋液。▶p.10
- 在模具塗上融化奶油。▶p.9 事前準備D
- 將草莓縱切成4等分。
- 低筋麵粉、泡打粉混合過篩。

品嚐時機與保存

剛做好的時候是最好吃的。保存時請用保鮮膜包好，在常溫下可保存2天。放涼的蛋糕可用小烤箱等加熱。冷凍可保存1個月。請先切成厚度適中的薄片，再1片1片用保鮮膜包好，裝入冷凍保鮮袋等冷凍起來。自然放置至解凍後即可品嚐。

advice

以新鮮的草莓和覆盆子製作最為理想，買不到的話也可以使用冷凍的莓果。當然，用冷凍莓果做出來的蛋糕也非常美味。

森岡 梨的 **香橙蛋糕**

這款蛋糕在麵糊裡加入大量新鮮柳橙的果肉和果汁。
可以品嚐到柳橙的新鮮香氣，不管是誰都會喜歡的美味。
也很建議隨著季節、用巨峰葡萄或無花果等時令水果來做做看。

製作麵糊

1 將2個柳橙，各切下3片約2㎜的薄片作為裝飾用。剩下的部分把皮削掉，取出果肉，再切成3等分。將連在白膜上的果肉榨成果汁備用。

2 參照p.63的 **1**～**4**，製作香甜蛋糕麵糊，加入柳橙果肉和果汁，攪拌至均勻混合為止。

烘烤

3 參照p.63的 **5**，把麵糊填入事先準備好的2個模具中。放上柳橙片作裝飾，再撒上大量細砂糖。

4 送入預熱好的烤箱中，溫度調降至180℃，烘烤40～45分鐘。烤到中央的裂痕充分上色就完成了。若還有泛白的部分就再烤5分鐘左右。大略放涼後就從模具中取出，置於網架上冷卻。

材料 ●磅蛋糕模具2個份

香甜蛋糕麵糊（▶p.62）
　　……全部的分量
柳橙……2個
細砂糖……30g
模具用的無鹽奶油……適量

需要準備的用具

18×8×6.5㎝的磅蛋糕模具2個、
多用途濾網、刷子、湯匙、網架

烤箱

預熱至200℃，以180℃烘烤40～
45分鐘。

事前準備

● 奶油置於室溫軟化。▶p.10
● 雞蛋回復至室溫，打散成蛋液。▶p.10
● 模具刷上融化奶油。▶p.9 事前準備D
● 低筋麵粉、泡打粉混合過篩。

品嚐時機與保存

剛做好的時候是最好吃的。保存時請用保鮮膜包好，在常溫下可保存2天。放涼的蛋糕可用小烤箱等加熱。冷凍可保存1個月。請先切成厚度適中的薄片，再1片1片用保鮮膜包好，裝入冷凍保鮮袋等冷凍起來。自然放置至解凍後即可品嚐。

advice

使用新鮮果汁的話，風味層次會更豐富。
也很建議使用葡萄柚或葡萄等等。請試著用自己喜歡的水果來增添變化。

材料 ●磅蛋糕模具2個份

香甜蛋糕麵糊
　（▶p.62）……全部的分量
蘋果（小）……2個
奶酥
　┌ 低筋麵粉……50g
　│ 杏仁粉……25g
　│ 紅糖……50g
　└ 無鹽奶油……50g
模具用的無鹽奶油
　……適量

需要準備的用具
18×8×6.5cm的磅蛋糕模具2
個、多用途濾網、刷子、湯
匙、網架

烤箱
預熱至200℃，以180℃烘烤
40～45分鐘。

品嚐時機與保存

剛做好的時候是最好吃的。
保存時請用保鮮膜包好，在
常溫下可保存2天。放涼的蛋
糕可用小烤箱等加熱。冷凍
可保存1個月。請先切成厚度
適中的薄片，再1片1片用保
鮮膜包好，裝入冷凍保鮮袋
等冷凍起來。自然放置至解
凍後即可品嚐。

advice

若把核桃或開心果等喜歡的
堅果用食物調理機磨成粉
末，用來取代製作奶酥用的
杏仁粉，做出來的味道會完
全不同，請一定要試試看。若
季節對的話蘋果請使用紅玉
品種。

森岡 梨的 蘋果蛋糕

在香甜蛋糕的多款變化型中，這是我相當喜歡的一種口味。利用香酥可口的奶酥，襯托蘋果的酸甜風味及清脆口感。在我修習甜點的美國當地，鋪上奶酥的蘋果蛋糕是很受歡迎的甜點之一，所以我根據當時吃到的味道設計出這份食譜。除了當作甜點之外，也很適合當作早餐享用。

事前準備

● 麵糊和奶酥用的奶油置於室溫軟化。
　▶p.10
● 雞蛋回復至室溫，打散成蛋液。▶p.10
● 模具刷上融化奶油。▶p.9 事前準備D
● 麵糊用的低筋麵粉、泡打粉混合過篩。

製作麵糊

2 參照p.63的 **1**～**4**，製作香甜蛋糕麵糊。

製作奶酥

1 在缽盆裡放入奶酥用的低筋麵粉、杏仁粉、紅糖，充分混合拌勻，加入軟化的奶油。

以手抓揉混合，讓粉類和奶油融合在一起。

變成鬆散的顆粒狀時即可停止。在使用前先放入冰箱冷藏備用。

3 蘋果削皮後切成8等分，每1等分再切成3等分。切好後加進 **2** 的麵糊裡，攪拌均勻。

完成的麵糊

烘烤

4 把麵糊分成2等分，用湯匙舀入事先準備好的2個模具中，均勻地鋪開之後抹平表面。將 **1** 的奶酥從冰箱取出，大量鋪在上面。

5 送入預熱好的烤箱中，溫度調降至180℃，烘烤40～45分鐘。

裂痕當中若還有泛白的部分就再烤5分鐘左右。

烤到中央的裂痕充分上色就完成了。大略放涼後從模具中取出，置於網架上冷卻。

森岡 梨的 **美饌蛋糕**

把 美國家庭自古流傳下來的玉米蛋糕改成有點豪
華的版本，非常推薦的一款蛋糕。大幅減少砂
糖的分量，控制在微甜的程度。黑胡椒的風味和粗粒
玉米粉的香氣是美味關鍵。剛做好的蛋糕搭配湯或蛋
料理的滋味，請一定要嚐嚐看。冷掉之後最好用小烤
箱加熱一下會比較美味。

材料 ●磅蛋糕模具2個份

麵糊

無鹽奶油……170g

細砂糖……70g

全蛋……180g（L尺寸3個）

低筋麵粉……360g

玉米麵粉（▶p.74）……30g

泡打粉……3小匙

鹽……1小匙

黑胡椒（粗磨）……1小匙

牛奶……250ml

粗粒玉米粉（▶p.74）……適量

模具用的無鹽奶油……適量

需要準備的用具

18×8×6.5cm的磅蛋糕模具2個、
多用途濾網、刷子、湯匙、網架

烤箱

預熱至200℃，以180℃烘烤40～45
分鐘。

品嚐時機與保存

剛做好的時候是最好吃的。保存時請
用保鮮膜包好，在常溫下可保存2天。
放涼的蛋糕可用小烤箱等加熱。如果
要冷凍保存的話請先切成厚度適中的
薄片，再1片1片用保鮮膜包好，裝入
冷凍保鮮袋等冷凍起來，最多可保存1
個月。自然放置至解凍後即可品嚐。

advice

把部分的麵粉換成玉米麵粉之後，烤
出來的蛋糕變得非常香。這種麵糊因
為砂糖含量很少，所以加蛋混合時容
易油水分離，但就算出現不均勻的情
況也不要緊。請趕快進行下一個步
驟。粉類和牛奶要交互著加入，最後
以粉類作結束。

事前準備

● 奶油置於室溫軟化。▶p.10

● 雞蛋回復至室溫，打散成蛋液。▶p.10

● 模具刷上融化奶油。▶p.9 事前準備D

● 低筋麵粉、泡打粉、鹽、黑胡椒混合過篩。

製作麵糊

把軟化的奶油用打蛋器以摩
擦盆底的方式攪拌成乳霜狀，
然後將砂糖分成3～4次，逐
次少量地加入，充分拌入空
氣，打成蓬鬆泛白的狀態。

把事先準備好的蛋液分成4～
5次，逐次少量地加入，每次
加入後都要充分攪拌至均勻
為止。

混合完畢的狀態

加入玉米麵粉，徹底攪拌至
均勻為止。

烘烤

4 加入準備好的粉類⅓分量,用橡皮刮刀以從底部舀起的方式翻拌5～6次。在仍有粉末殘留的狀態下,加入½的牛奶以同樣方式混合均勻。

完成的麵糊

把剩下的粉類、牛奶交互加入混合,最後加入粉類,攪拌至沒有粉末殘留、出現光澤為止。

5

把麵糊分成2等分,用湯匙舀入事先準備好的2個模具中。

把麵糊均勻地鋪開,抹平表面。

6

在表面撒上大量的粗粒玉米粉。

7 送入預熱好的烤箱,溫度調降至180℃,烘烤40～45分鐘。

烤到中央的裂痕充分上色就完成了。若還有泛白的部分就再烤5分鐘左右。

烤好後連同模具移到網架上放涼。大略放涼後從模具中取出,放在網架上直到完全冷卻。

森岡 梨的 香草蛋糕

把新鮮香草切碎並大量拌入麵糊中的健康蛋糕。

撲鼻的蔥香味不只能搭配西餐，和日本料理也很對味。

香草的組合是我個人推薦的。請先照著這個組合來試做看看。

製作麵糊

1 參照p.69～70的**1**～**4**製作美饌蛋糕麵糊。

2
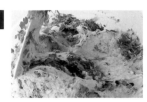

義大利荷蘭芹、蒔蘿、羅勒等只取葉子部分並切碎。將日本細蔥切成蔥花。把香草類加進**1**裡，攪拌均勻。

烘烤

3

參照p.70的**5**，把麵糊填入事先準備好的2個模具中。均勻地鋪開之後抹平表面。

4

送入預熱好的烤箱中，溫度調降至180℃，烘烤40～45分鐘。烤到中央的裂痕充分上色就完成了。若還有泛白的部分就再烤5分鐘左右。大略放涼後就從模具中取出，置於網架上冷卻。

材料 ●磅蛋糕模具2個份

美饌蛋糕的麵糊（▶p.69）
　　……全部的分量
義大利荷蘭芹葉…… 10枝份
蒔蘿葉…… 5～6枝份
羅勒葉…… 5～6枝份
日本細蔥……10枝
模具用的無鹽奶油……適量

需要準備的用具

18×8×6.5cm的磅蛋糕模具2個、多用途濾網、刷子、湯匙、網架

烤箱

預熱至200℃，以180℃烘烤40～45分鐘。

準備

● 奶油置於室溫軟化。▶**p.10**
● 雞蛋回復至室溫，打散成蛋液。▶**p.10**
● 模具刷上融化奶油。▶**p.9** 事前準備D
● 低筋麵粉、泡打粉、鹽、黑胡椒混合過篩。

品嚐時機與保存

剛做好的時候是最好吃的。保存時請用保鮮膜包好，在常溫下可保存2天。放涼的蛋糕可用小烤箱等加熱。如果要冷凍保存的話請先切成厚度適中的薄片，再1片1片用保鮮膜包好，裝入冷凍保鮮袋等冷凍起來，最多可保存1個月。自然放置至解凍後即可品嚐。

advice

香草有很多種類，就這份食譜來說，我認為這次的組合是最棒的。

森岡 梨的 蒜香蛋糕

瀰漫著烤大蒜和迷迭香的香氣，令人胃口大開！
這是一款充滿能量的美味佐餐點心，
搭配啤酒或葡萄酒也非常對味。

製作麵糊

1 參照p.69～70的**1**～**4**製作美饌蛋糕麵糊。

2

把去皮的大蒜和1枝迷迭香放在鋁箔紙上，淋上沙拉油後包起來。送入預熱好的烤箱中，溫度調降至170℃，烘烤30分鐘。

3

把**2**的大蒜和迷迭香（未烤）保留適量作為裝飾用，其餘全部拌入麵糊中。迷迭香只要加入葉子即可。

烘烤

4

參照p.70的**5**，把麵糊填入事先準備好的2個模具中。撒上裝飾用的烤大蒜和迷迭香葉。送入預熱好的烤箱中，溫度調降至180℃，烘烤40～45分鐘。烤到中央的裂痕充分上色就完成了。大略放涼後從模具中取出，置於網架上冷卻。

材料 ●磅蛋糕模具2個份

美饌蛋糕的麵糊（▶p.69）
　　……全部的分量
大蒜（大）……1個
迷迭香……5～6枝
沙拉油……適量
模具用的無鹽奶油……適量

需要準備的用具

18×8×6.5cm的磅蛋糕模具2個、鋁箔紙、多用途濾網、刷子、湯匙、網架

烤箱

烤大蒜要預熱至190℃、以170℃烘烤30分鐘。蛋糕本體要預熱至200℃，以180℃烘烤40～45分鐘。

準備

● 奶油置於室溫軟化。**▶p.10**
● 雞蛋回復至室溫，打散成蛋液。**▶p.10**
● 模具刷上融化奶油。**▶p.9** 事前準備D
● 低筋麵粉、泡打粉、鹽、黑胡椒混合過篩。

品嚐時機與保存

剛做好的時候是最好吃的。保存時請用保鮮膜包好，在常溫下可保存2天。放涼的蛋糕可用小烤箱等加熱。如果要冷凍保存的話請先切成厚度適中的薄片，再1片1片用保鮮膜包好，裝入冷凍保鮮袋等冷凍起來，最多可保存1個月。自然放置至解凍後即可品嚐。

advice

大蒜請先用烤箱烘烤到熟透變軟為止。

森岡 梨的 **鮭魚乳酪蛋糕**

把煙燻鮭魚和乳酪大塊大塊地加入，
是一款餡料豐富、分量十足的奢華蛋糕。
搭配湯和沙拉，作為假日早午餐或當作搭配葡萄酒的點心都很不錯。

製作麵糊

1 參照p.69～70的 **1**～**4** 製作美饌蛋糕麵糊。

2

鮭魚切成3cm寬，奶油乳酪切成2cm的丁塊。把這兩種材料和酸豆各保留適量作為裝飾用，其餘全加入麵糊裡混合。

烘烤

3

參照p.70的 **5**，把麵糊填入事先準備好的2個模具中，撒上留作裝飾的鮭魚、奶油乳酪和酸豆。

4

送入預熱好的烤箱中，溫度調降至180℃，烘烤40～45分鐘。烤到中央的裂痕充分上色就完成了。若還有泛白的部分就再烤5分鐘左右。大略放涼後就從模具中取出，置於網架上冷卻。

材料 ●磅蛋糕模具2個份

美饌蛋糕的麵糊（▶p.69）
……全部的分量
煙燻鮭魚……120g
奶油乳酪……250g
酸豆……20g
模具用的無鹽奶油……適量

需要準備的用具
18×8×6.5cm的磅蛋糕模具2個、
多用途濾網、刷子、湯匙、網架

烤箱
預熱至200℃，以180℃烘烤40～
45分鐘。

事前準備
● 奶油置於室溫軟化。▶p.10
● 雞蛋回復至室溫，打散成蛋液。▶p.10
● 模具刷上融化奶油。▶p.9 事前準備D
● 低筋麵粉、泡打粉、鹽、黑胡椒混合過篩。

品嚐時機與保存

剛做好的時候是最好吃的。保存時請用保鮮膜包好，在常溫下可保存2天。放涼的蛋糕可用小烤箱等加熱。如果要冷凍保存的話請先切成厚度適中的薄片，再1片1片用保鮮膜包好，裝入冷凍保鮮袋等冷凍起來，最多可保存1個月。自然放置至解凍後即可品嚐。

advice
奶油乳酪請盡量選用含鹽量較低的產品。

最接近職人的味道
烘焙材料清單　part ❶

中筋麵粉

性質介於低筋麵粉和高筋麵粉之間的麵粉。本書使用的是市售的法國麵包專用中高筋麵粉「LYS DOR」。如果買不到的話，可以將低筋麵粉和高筋麵粉以1：1的比例混合取代。

裸麥粉

以製作黑麵包等使用的裸麥研磨而成的麵粉。特徵是具有獨特的香味和酸味，吃起來有顆粒感。

上新粉

將精白粳米洗淨、乾燥後研磨而成的粉末。其質地和糯米粉比較起來，黏性較低但很有彈性，通常是用來製作糯米團子及麻糬等日式甜點。名稱會隨著顆粒粗細而有並新粉、上新粉、上用粉之差異。

粗粒玉米粉

將玉米去除皮和胚芽、以胚乳部分碾碎而成的粉類。加在麵包或蛋糕裡的話，能增添酥脆的口感和香氣。也可以運用於製作油炸物的麵衣。玉米脆片的主要原料。

玉米麵粉

將粗粒玉米粉進一步研磨而成的細緻粉末。粒子比麵粉更小，吸收水氣之後很容易產生黏性。製作玉米蛋糕及玉米薄餅不可缺少的材料。

ISUPATA（和菓子膨脹劑）

ISUPATA是一種針對蒸製甜點開發出來的合成膨脹劑。主要是運用在蒸製類和菓子上，不適合烘焙使用。膨脹力比泡打粉強。主要成分是碳酸氫鈉和氯化銨，並未添加酵母。

極細顆粒砂糖

1個顆粒只有普通細砂糖 $\frac{1}{6}$ 大小的極細顆粒砂糖。無論加進液體或奶油中都能輕易溶解，很適合用來製作甜點。

裝飾用糖粉

表面包覆一層特殊油膜的糖粉。即使撒在帶有溼氣的蛋糕上也不會溶化消失。在日本會用「不流淚糖粉」等名稱販售。

糖蜜

由甘蔗汁熬煮精製而成。如果加入磅蛋糕麵糊裡，就可以增添獨特的濃郁風味及色澤。和香料搭配起來也很對味。

第3章

用磅蛋糕模具製作
日式&西式甜點

磅蛋糕模具並不是只能用來製作磅蛋糕。在這個章節將會介紹奧地利著名的聖誕節點心史多倫、舒芙蕾乳酪蛋糕以及融岩巧克力蛋糕等等。不只如此，連美味的和菓子也做得出來喔！請好好享受運用磅蛋糕模具做出來的各種甜點變化吧！

山本次夫的
罌粟籽史多倫

史多倫是德國和奧地利的聖誕節甜點。這份食譜是以我在瑞士的飯店修業時製作的史多倫為基礎設計出來的。原本是仿照襁褓中的耶穌形象做成橢圓形，但這裡改成方便使用磅蛋糕模具製作的形狀。因為把罌粟籽做成膏狀餡料、將罌粟籽餡捲入麵團中，所以罌粟籽的顆粒口感格外明顯。大量添加的水果風味及香料香氣，醞釀出令人回味無窮的美妙滋味。

材料 ●磅蛋糕模具2個份

史多倫麵團

A
- 高筋麵粉……125g
- 低筋麵粉……300g
- 乾酵母……12g
- 細砂糖……50g
- 鹽……3g
- 檸檬（只使用皮）……1½個
- 肉桂粉、丁香粉、
  肉豆蔻粉、小豆蔻粉
  ……共6g

- 發酵無鹽奶油……170g
- 牛奶……170g

B
- 糖漬檸檬皮……65g
- 糖漬橙皮……65g
- 蘭姆葡萄乾……50g
- 香草精……少許

罌粟籽餡
- 黑罌粟籽……90g
- 葡萄乾……12g
- 麵包粉……50g
- 細砂糖……50g
- 牛奶……90g
- 蘭姆酒……6g
- 檸檬皮（磨碎）、
  現榨檸檬汁、香草精、
  肉桂粉……各少許

裝飾用
- 發酵無鹽奶油……200g
- 細砂糖……200g
- 裝飾用糖粉（▶p.74）
  ……適量

手粉（高筋麵粉）……適量

需要準備的用具

18×8×6.5cm的磅蛋糕模具2個、擀麵棍、尺、L型抹刀、噴霧器、刷子、薄紙、濾茶器、粗棉手套、網架、多用途濾網

烤箱

預熱至220℃，以200℃烘烤30分鐘。

品嚐時機與保存

放置約1週熟成之後，吃起來會更美味。不要放入冷藏室或冷凍庫，用保鮮膜包好置於常溫下即可。保存期限可達1個月之久。

慶祝聖誕節的蛋糕

史多倫是德國和奧地利等地區的傳統聖誕節甜點，據說是500年前發源自德勒斯登。標準的史多倫是將橢圓形麵團稍微錯開對折烘烤而成，所以有著如山巒般隆起的獨特造型。這個造型有人認為是仿照耶穌的搖籃，也有人認為是耶穌誕生時所包裹的襁褓、或神父披掛在脖子上的布等等，眾說紛紜。差不多在11月中旬過後，街上的糕餅店及麵包店就會陸續陳列販售，家家戶戶的母親們也會大量使用幾個月前開始準備的果乾和堅果來烘烤史多倫。在聖誕節到來前的4週期間，家人團圓相聚的時刻不可或缺的這道甜點，可說是體驗迎接耶穌之喜悅的食物。

事前準備

- 麵團用的發酵奶油置於室溫軟化，用打蛋器壓散後攪拌成沒有結塊的乳霜狀。▶p.10
- 糖漬檸檬皮和糖漬橙皮切細。
- 高筋麵粉和低筋麵粉混合過篩。▶p.10
- 檸檬皮只取黃色部分、薄薄地磨碎。
- 模具刷上薄薄一層奶油。

advice

請用力地揉麵團，讓麵團徹底出筋。放入模具中膨脹至2倍左右後再送入烤箱。烤好後趁熱塗上大量澄清奶油、撒上糖粉。這份食譜是將材料A中的各種香料混入麵團中，若使用市售的史多倫專用香料會更方便。品嚐時不妨切成1cm左右的薄片，品嚐起來會格外美味。

製作史多倫麵團

在缽盆裡倒入A，用手輕輕地攪拌混合。

加入牛奶和乳霜狀的奶油，用手充分抓拌均勻。

整體變得溼潤後，用手掌揉和10分鐘左右，直到麵團產生彈性為止。

揉好的時候，麵團表面會呈現平滑且略帶光澤的狀態。

把B的材料全部加進麵團裡，均勻揉和。

把罌粟籽餡的材料全部倒進缽盆裡，用橡皮刮刀充分攪拌至變成膏狀。

擀成正方形

把１的麵團分成2等分，放在撒了手粉的工作檯上，用擀麵棍擀成16cm×16cm的正方形。

把２的餡分成2等分，放在３的麵團上，用L型抹刀均勻地抹開，在麵團邊緣留下5mm左右的空間不抹。

在中央接合

把麵團從兩端捲起,在中央接合。

發酵、烘烤

6

把**5**放入模具中,壓入至底部。

在表面噴上水霧,放置在35～40℃的溫暖場所,醒麵1小時30分鐘左右。

> 也可以利用微波爐的發酵功能。

7 發酵之後,麵團會膨脹至模具邊緣。

送入預熱好的烤箱中,溫度調降至200℃,烘烤30分鐘。烤到整體呈現恰到好處的金黃色澤就完成了。

潤飾完成

8

利用烘烤的時間製作澄清奶油。把裝飾用的發酵奶油隔水加熱至融化,將上方黃色通透的清澈奶油小心地移到另一個容器裡。

> 時間充裕的話,可在前一天製作融化奶油,直接放入冰箱冷藏。等奶油凝固之後,用抹刀沿著容器周圍劃一圈取出,把沉澱在下方的白色部分去掉,只保留清澈的部分再次加熱融化,這樣就能得到乾淨的澄清奶油了。

史多倫烤好之後,戴上粗棉手套,立刻從模具中取出,趁熱用刷子塗上大量溫熱的澄清奶油。

> 底面可以不塗。

9

在薄紙上鋪開細砂糖,將**8**放在上面滾動,將整體裹上厚厚的細砂糖。

放在網架上冷卻。

10

等**9**完全冷卻之後,用濾茶器撒上厚厚一層糖粉。

材料 ●磅蛋糕模具2個份

甜巧克力
（可可脂含量56%）*……320g

發酵無鹽奶油……280g

糖粉……200g

低筋麵粉……20g

可可粉……20g

全蛋……300g（約6個）

＊這份食譜使用的是水滴型的巧
克力。若是用塊狀巧克力，請先
切碎備用。

需要準備的用具

18×8×6.5cm的磅蛋糕模具2
個、烹調紙、可放入2個磅蛋
糕模具的耐熱容器（這裡用的是
20cm的方形容器）、溫度計、抹
刀、多用途濾網、網架、隔水
加熱用的熱水

烤箱
預熱至150℃，以130℃烘烤
40分鐘。

品嚐時機與保存

剛做好時是最好吃的。保存
時請用保鮮膜包好，冷藏可
保存1週。不適合冷凍保存。

advice

混合材料時，打蛋器要以摩
擦缽盆底部的方式攪拌，以
免拌入多餘的空氣。這個蛋
糕若是烤過頭的話會變得太
乾，所以一定要遵守烘烤時
間。建議配上打發成濃稠狀
的鮮奶油享用。

山本次夫的 融岩巧克力蛋糕

我在40多年前，初次邂逅了這道甜點。當時我在瑞士修業期間，曾利用休假到巴黎旅行，當地某家餐廳端出的甜點就是這道融岩巧克力。入口即化的口感和濃郁的風味讓我感動不已，決定無論如何都要親自做做看，於是就設計出這份食譜。為了嚐到岩漿般的口感，所以採用低溫隔水烘烤的方式製作。這裡的配方用的是可可脂含量56%的巧克力，也可以依照個人喜好換成更苦一點的巧克力。

事前準備
- 雞蛋回復至室溫，徹底打散成蛋液，打散蛋白的筋。
- 配合模具的底部剪裁烹調紙，鋪在底部。
- 低筋麵粉和可可粉混合過篩2次。
▶p.10

製作麵糊

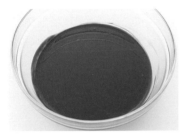

1 把甜巧克力和奶油一起隔水加熱融化，讓溫度上升至60℃左右。

把糖粉一口氣加入，用打蛋器避免拌入空氣地攪拌混合。

> 用打蛋器以摩擦缽盆底部的方式來攪拌較好。

加入過篩的粉類繼續攪拌，沒有粉末殘留後把事先準備好的蛋液一口氣加入，仔細攪拌均勻。

完成的麵糊

攪拌完成的麵糊會有光澤。

烘烤

2 把 **1** 的麵糊平均倒入事先準備好的2個模具中。

把 **2** 放入耐熱容器中，擺在烤盤上，在烤盤裡注入熱水。

> 先把烤盤放進烤箱再注入熱水會比較安全。

送入預熱好的烤箱中，溫度調降至130℃，烘烤40分鐘。麵糊膨脹至模具邊緣就表示烤好了。觸摸表面時會有黏黏的感覺。

冷卻之後的狀態

4 連同模具一起置於網架上放涼。大略放涼之後放入冰箱冷藏。

將抹刀插入模具和蛋糕間，沿著周圍劃一圈之後，將蛋糕倒扣取出。

把鋪在底部的紙撕除。

山本次夫的 舒芙蕾乳酪蛋糕

這是以原本在店裡製作的舒芙蕾乳酪蛋糕為樣本，為了方便使用磅蛋糕模具製作而加以改良的食譜。因為要突顯乳酪的風味，所以刻意降低甜度。使用的乳酪品牌不同，做出來的風味也會有相當的差異。喜歡清爽一點的口味，可以使用卡夫菲力奶油乳酪（Philadelphia cream cheese）。要有個性一點，就用凱瑞奶油乳酪（Kiri cream cheese），請多多利用各種品牌來做做看。

材料 ●磅蛋糕模具2個份

奶油乳酪……200g
蛋黃……93g（略少於5個）
發酵無鹽奶油……26g
A ⎰ 鮮奶油（乳脂肪含量45%）……26g
  ⎱ 優格（無糖）……26g
  ⎱ 牛奶……34g
低筋麵粉……12g
蛋白……186g（略多於6個份）
細砂糖……70g

需要準備的用具

18×8×6.5cm的磅蛋糕模具2個、可放入2個磅蛋糕模具的耐熱容器（這裡用的是20cm的方形容器）、烹調紙、手持式電動攪拌器、網架、隔水加熱用的熱水

烤箱

預熱至120℃，以100℃烘烤1小時＋200℃烘烤15分鐘。

品嚐時機與保存

剛做好時是最好吃的。保存時請用保鮮膜包好，冷藏可保存3天。不適合冷凍保存。

advice

奶油乳酪如果有結塊殘留的話，會造成烘烤不均，所以一定要攪拌成柔滑細緻的乳霜狀後再使用。蛋白打發至會不斷滑落的程度即可。若打發至能拉出挺立尖角的程度，烤出來的蛋糕凹陷狀況會很嚴重。

事前準備

- 雞蛋回復至室溫，打散成蛋液。 ▶p.10
- 奶油置於室溫軟化。 ▶p.10
- 在模具內鋪上烹調紙。
  ▶p.8 事前準備A　側面要高出邊緣3cm。

製作麵糊

1 把奶油乳酪倒進鉢盆裡，用手持式電動攪拌器以低速攪拌。充分打散至沒有結塊殘留、變成柔滑細緻的狀態為止。

2 把事先準備好的蛋黃分3～4次加進 **1** 裡，每次加入後都要用手持式電動攪拌器以中速攪打至均勻融合。

> 途中要偶爾用橡皮刮刀把沾在周圍的材料刮下來攪拌。

加入軟化奶油，以高速攪拌。混合均勻後改使用打蛋器，繼續攪拌至沒有結塊殘留。

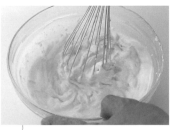

把A依照順序一一加入混合，每次加入之後都要充分攪拌均勻。

混合完畢的狀態

加入低筋麵粉，攪拌至沒有粉末殘留為止。

3 把蛋白倒進乾淨的鉢盆裡，用打蛋器打散。稍微泛白後加入細砂糖，打至六～七分發泡。

> 不需要充分打發，打到砂糖溶化、舀起時會不斷流下的狀態即可。

完成的麵糊

4 把蛋白霜一口氣加入 **2** 的麵糊裡，用橡皮刮刀以從底部舀起的方式翻拌均勻。

烘烤

5 把 **4** 的麵糊平均倒入事先準備好的2個模具中，抹平表面。

6 把 **5** 放入耐熱容器中，擺在烤盤上，在烤盤裡注入約40℃的熱水。

> 先把烤盤放進烤箱再注入熱水會比較安全。

送入預熱好的烤箱中，溫度調降至100℃烘烤1小時。之後把溫度上調至200℃再烤15分鐘，讓表面上色。連同模具一起置於網架上放涼，大略放涼後再從模具中取出。

山本次夫的 **麵包布丁**

這款麵包布丁，是我在帝國飯店任職時經常製作的宴會用甜點之一。這份食譜可說是充滿了當時的回憶。就連注入焦糖液、放入烤過的吐司、撒上葡萄乾的手法也和當時一樣。雖然是用蛋、牛奶、吐司等隨手可得的材料就能製作的平凡甜點，但是在切片擺盤後卻能展現出截然不同的時髦氛圍。搭配杏桃果醬的話，風味會更加華麗。

材料 ●磅蛋糕模具2個份

全蛋……200g（約4個）

細砂糖……100g

牛奶……500g

吐司（8片切的厚度）
……6～7片

葡萄乾……100g

焦糖液
| 細砂糖……100g
| 水……50g

醬汁
| 杏桃果醬……100g
| 水、君度橙酒……適量

需要準備的用具

18×8×6.5㎝的磅蛋糕模具2個、鋁箔紙、鍋子、木鏟、多功能濾網、湯杓、竹籤、網架、抹刀、隔水加熱用的熱水

烤箱

預熱至160℃，以140℃烘烤35分鐘。

品嚐時機與保存

放入冰箱冷藏之後的隔天是最好吃的。保存時請用保鮮膜包好，冷藏可保存3天。不適合冷凍保存。

advice

用哪一種麵包製作都可以，但是放了幾天後乾燥變硬的麵包效果最棒。最重要的是讓麵包充分吸收布丁液，而且絕對不能烤過頭，請用竹籤仔細確認。

事前準備

● 雞蛋回復至室溫。▶**p.10**

● 模具外側用鋁箔紙包覆。

● 吐司去邊，稍微烤過。

製作焦糖液

1 鍋子用大火加熱，把細砂糖分成5～6次，逐次少量地倒進鍋裡，用木鏟不停攪拌，煮成焦糖狀。每次都要等之前加入的細砂糖融化成液狀後，才可以繼續加入。

冒出細小氣泡沸騰之後熄火，在氣泡快速消失的時候把水分成3次加入混合。

準備好裝了水（分量外）的容器，滴幾滴焦糖進去。用手指壓一下凝固的顆粒，比黏土稍硬一點的話就完成了。

2 將焦糖液平均倒入事先準備好的2個模具中，稍微傾斜讓焦糖液布滿模具底部。

製作布丁液

3 把蛋用打蛋器充分打散，加入細砂糖。攪拌均勻之後，將牛奶逐次少量地加入繼續攪拌混合。攪拌後用多功能濾網過濾。

烘烤

4 把事先準備好的吐司依模具大小切好，鋪進**2**的模具裡。撒上葡萄乾後再用湯杓緩緩地注入布丁液。靜置2～3分鐘，讓布丁液滲透到麵包當中。

重覆2次上一步流程，最後用吐司蓋好，淋上布丁液。

5 把**4**擺在烤盤上，注入約40℃的熱水。送入預熱好的烤箱中，溫度調降至140℃烘烤35分鐘。

用竹籤戳個洞，如果沒有液體冒出來，就表示烤好了。連同模具一起於網架上放涼，大略放涼後放入冰箱冷藏一晚。

潤飾完成

6 把杏桃果醬用多功能濾網過濾。把過濾好的果醬和水倒進鍋子裡，加熱煮軟後再過濾一次。放涼後加入君度橙酒混合。

7 蛋糕冷卻一晚後，用抹刀在周圍劃一圈脫離模具，倒扣在盤子上取出。切成適當的大小盛盤，淋上**6**的醬汁。

材料 ●磅蛋糕模具2個份

白豆沙餡（市售品）……250g

蛋黃……50g（約2½個）

上白糖①……53g

蛋白……100g（約3個份）

上白糖②……10g

蜂蜜（或水麥芽）……13g

低筋麵粉……38g

泡打粉……2g

蘭姆酒漬葡萄乾（市售品）
　　……88g

需要準備的用具

18×8×6.5㎝的磅蛋糕模具2
個、木鏟、烹調紙、網篩、多
功能濾網、竹籤、網架

烤箱

預熱至180℃，以160℃烘烤
25分鐘。

品嚐時機與保存

剛做好的時候就很好吃了。
用保鮮膜包起來冷藏可保存1
週。不建議冷凍保存。

advice

要購買白豆沙餡的話，不妨到
販賣上生菓子的店家詢問。市
售的白豆沙餡若是太溼軟，請
先用小火邊加熱邊攪拌，讓水
分揮發掉再使用。

笠岡喜一郎的
葡萄乾卡斯提拉

說到用磅蛋糕模具製作和菓子，第一個浮現在腦中的就是卡斯提拉。卡斯提拉是用麵粉、蛋、砂糖製作而成，也可說是日式的海綿蛋糕。這次，我在麵糊裡添加了白豆沙餡，讓質地更加溼潤。另外還加了蛋白霜呈現輕盈感，並以葡萄乾作為點綴。吃起來有淡淡的白豆沙風味，就像和菓子一樣美味。

事前準備
● 蛋黃、蛋白回復至室溫。▶p.10
● 上白糖①以網篩過篩。
● 低筋麵粉和泡打粉混合過篩。
● 在模具內鋪上烹調紙。
　　▶p.8　事前準備A

製作麵糊

1 把白豆沙餡和蛋黃混合，用木鏟攪拌至沒有結塊殘留、柔滑細緻的狀態為止。

加入過篩的上白糖①混合。上白糖融合後再加入蜂蜜一起混合。

2 在另一個缽盆裡倒入蛋白，用打蛋器打散。顏色泛白後加入上白糖②，打發至提起打蛋器時，拉出尖角會微微彎曲的狀態為止。

混合完畢的狀態

把打發的蛋白加進**1**裡，用木鏟以從底部舀起的方式大幅度翻拌混合。

3 加入蘭姆酒漬葡萄乾，以切拌的方式混合。

把過篩的粉類一口氣加入，攪拌至沒有粉末殘留為止。

烘烤

4 把麵糊平均倒入事先準備好的2個模具中，抹平表面。

5 送入預熱好的烤箱中，溫度調降至160℃烘烤25分鐘。

用沾過水的竹籤戳入看看，沒有麵糊沾附就表示烤好了。若沾上麵糊的話，就再烤5分鐘左右。

連同模具一起置於網架上放涼，大略冷卻後取出蛋糕，把紙撕除。

冷卻之後多少會有點凹陷，而且表面會變得皺皺的。

笠岡喜一郎的 栗子浮島

和菓子代表技法之一的這款蒸製糕點，也可以用磅蛋糕模具製作。麵糊裡添加了豆沙餡的「浮島」，因為蛋糕蒸好膨脹起來的樣子就像是浮在湖面上的小島，所以得此名稱。以溼潤柔軟、入口即化的口感為魅力的浮島蛋糕體中，鑲嵌著大量栗子甘露煮。請搭配美味的日本茶，品嚐這彷若和菓子般的高雅風味。

材料 ●磅蛋糕模具2個份

栗子甘露煮……130g
豆沙餡（市售品）……400g
低筋麵粉……30g
上新粉（▶p.74）……10g
ISUPATA（▶p.74）……2g
　（可用泡打粉代替）
上白糖……110g
蛋黃……40g（約2個）
蛋白……60g（約2個份）

需要準備的用具
18×8×6.5cm的磅蛋糕模具2個、蒸籠、棉布（2條）、烹調紙、多功能濾網、網篩、竹籤、平台（砧板等）

品嚐時機與保存

做好的當天就很好吃了。由於容易變得乾燥，所以冷卻後要立刻包上保鮮膜。冷藏可保存3～4天。不建議冷凍保存。

advice

蛋白要打發至能拉出挺立尖角的狀態。蒸好的蛋糕非常柔軟，因此處理時要特別留意。如果紙撕不下來，只要用刷子在紙上面塗上薄薄的水，就會變得比較好撕。另外，使用蒸籠時會覆蓋棉布。若棉布的周圍部分垂得太低碰到火的話是很危險的。所以最好把周圍部分翻到蓋子上。

事前準備

● 栗子甘露煮連同糖漿加熱至快要沸騰的狀態。
　用網篩撈起瀝乾糖漿，
　加熱後比較容易把糖漿瀝乾。
● 在模具內鋪上烹調紙。
　▶p.8　事前準備A
● 上白糖以網篩過篩。
● 低筋麵粉、上新粉、ISUPATA混合過篩。
● 蒸籠加水後開火。

製作麵糊

1 把栗子甘露煮粗略切碎。

> 大小可依個人喜好決定。不過切得太小的話容易失去口感。所以還是要保有一定程度的大小。

2 在缽盆裡放入豆沙餡，把過篩的粉類一次加入，用手仔細混拌至產生黏性為止。

加入過篩的上白糖混合。豆沙和砂糖均勻融合之後加入蛋黃，繼續揉拌。

打發完成的狀態

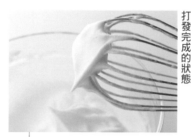

3 在另一個乾淨的缽盆裡倒入蛋白，用打蛋器打發至能拉出挺立尖角的狀態。

加進 **2** 的麵糊裡，避免破壞氣泡，用手輕輕混合拌勻。

完成的麵糊

攪拌到看不見蛋白後，加入切碎的栗子，以切拌方式混合。

蒸製

4 把麵糊平均倒入事先準備好的2個模具中，抹平表面。

> 若紙倒下來，可取少量麵糊把紙黏住固定。

5 放入大量冒出蒸氣的蒸籠裡，為了避免水珠滴落，要先覆蓋棉布再蓋上蓋子，用大火蒸35分鐘。

用沾過水的竹籤戳入看看，沒有麵糊沾附就表示烤好了。若沾上麵糊的話，就再烤5分鐘左右。

在鋪著乾棉布的平台上倒扣出來，靜置放涼。大略放涼後把紙撕除，放到完全冷卻為止。

笠岡喜一郎的 **輕羹**

材料 ●磅蛋糕模具2個份

大和芋山藥（削皮）……80g

上白糖……200g

水……80g

上新粉（▶p.74）……100g

需要準備的用具

18×8×6.5cm的磅蛋糕模具2個、磨泥器、研磨缽、研磨棒、蒸籠、棉布（2條）、網篩、烹調紙、多功能濾網、竹籤、平台（砧板等）

輕羹是由山藥、米穀粉、上白糖等材料混合蒸製而成的鹿兒島傳統糕點。據說是誕生於17世紀的薩摩藩。最早是做成棒狀的日式甜點，但包入豆沙餡的「輕羹饅頭」也廣受歡迎。純白的質地和Q彈的口感、山藥的淡淡香氣，與恰到好處的甜味完美調合，形成令人百吃不厭的樸實風味。請一定要用手邊的磅蛋糕模具做做看。

品嚐時機與保存

剛做好的時候就很好吃了。由於容易變得乾燥，所以冷卻後要立刻包上保鮮膜。冷藏可保存3～4天。不建議冷凍保存。

advice

本來是用輕羹粉（米穀粉）製作，這份食譜換成容易購得的上新粉。日本的大和芋山藥又稱作銀杏芋，是用來製作銀杏饅頭的山藥品種。長芋山藥雖然也是山藥，但因為水分多黏性少，所以不適合使用。請盡可能挑選黏性強一點的山藥來製作。由於一般家庭的火力很難蒸透，所以高度不要做得太高，成品大約3cm即可。因為只能依靠山藥的膨脹力使輕羹膨脹，所以加粉後不要過度攪拌，必須以切拌的方式混合。

事前準備
● 在模具內鋪上烹調紙。▶p.8
● 上白糖以網篩過篩。
● 在蒸籠加入大量的水後開火。

製作麵糊

1 把大和芋山藥磨成泥，再用研磨缽磨到柔滑細緻為止。

上白糖過篩後，取出⅓的分量加入，充分研磨至沒有砂糖的結塊殘留為止。

把剩下的上白糖分成4～5次加入研磨均勻。由於加入3次左右後手感會愈來愈重，所以在攪拌的同時要一邊逐次少量地加水稀釋。

理想的光滑細緻度

攪拌完成的狀態是砂糖和山藥均勻融合，提起研磨棒時會濃稠地滑落且光滑細緻。

以照片的光滑細緻度為標準，調整加入的水量。

2 把上新粉一口氣加入，用橡皮刮刀以從底部舀起的方式翻拌至沒有粉末殘留為止。

蒸製

3 把麵糊平均倒入事先準備好的2個模具中。

若紙倒下來，可取少量麵糊把紙黏住固定。

4 放入冒出大量蒸氣的蒸籠裡，為了避免水珠滴落，要先覆蓋棉布再蓋上蓋子，若棉布的周圍部分垂得太低，就往上翻到蓋子上以免著火。用大火蒸25分鐘。

用沾過水的竹籤戳入看看，沒有麵糊沾附就表示烤好了。若沾上麵糊的話，就再烤5分鐘左右。

倒扣在平台上，脫模放涼。這樣表面才會平坦。

大略放涼後把紙撕除，放在乾棉布上，直到輕羹完全冷卻為止。

避免失敗的Q&A

Q 可可粉很難混合均勻。

A 因為可可粉的比重比低筋麵粉、泡打粉來得重，所以不容易混合均勻。想要讓可可粉和其他粉類混合均勻的話，要過篩2次。

把低筋麵粉、泡打粉、可可粉依序倒進多功能濾網中（照片中使用的是網篩）。

鋪一張大一點的紙，從高15～20cm的地方篩粉。拉起紙的兩端，傾斜晃動、將過篩的粉類混合。

把粉倒回篩子裡，再次過篩。過篩2次之後，3種粉就會均勻地混合了。

Q 加了蛋之後很容易油水分離。

A 一口氣把全部的蛋都加入，應該是造成油水分離的原因之一。在奶油等油脂中一次加入大量水分（蛋）的話，往往會造成難以融合、油水分離的狀況。所以必須把蛋分成數次、一點一點地加入，慢慢攪拌融合才行。另一個可能的原因是加入的蛋的溫度。加入冰涼的蛋會使奶油冷卻凝固，因而難以和蛋結合在一起。所以蛋一定要回復至室溫後再使用。

Q 已經把蛋分成數次、少量地加入了，卻還是產生油水分離的狀況。

A 你將蛋分成幾次加入呢？是不是過度謹慎而分成10次以上呢？以超出必要的小分量加入的話，會讓攪拌次數增加，反而會導致奶油本身油水分離。以5～6次為限，把蛋分次加入，每次加入後都充分攪拌均勻的話，蛋就會和奶油融合在一起了。在攪拌次數方面，每加入1次蛋只要攪拌5～6次即可。千萬不可以過度攪拌。

Q 已經油水分離的蛋奶糊
有辦法補救嗎？

A 若在已經油水分離的蛋奶糊裡直接加入麵粉烘烤，只會烤出膨脹不均、質地粗糙乾澀的蛋糕而已。不過，若還在分離初期階段的話，就有辦法補救。在奶油失去光澤、開始出現小顆粒時，加入使用粉類的¼分量，用粉類把水分吸收掉，這樣就能復原了。若是將粉類換成杏仁粉，效果會更好。

Q 為什麼要封住擠花袋的開口？

A 為了防止麵糊從開口流出，所以要折起來用長尾夾等封住。若是裝上擠花嘴的話，請先把擠花嘴放入擠花袋中牢牢固定，然後在擠花嘴上方將擠花袋扭緊，塞入擠花嘴中央。

Q 麵糊無法順利膨脹。

A 這是因為在混合奶油和砂糖的階段裡，沒有充分拌入空氣的關係。奶油中若沒有混入細小氣泡的話，麵糊的膨脹情況就會不太理想。所以在加入砂糖之後，一定要充分地攪拌到蓬鬆泛白為止。

Q 表面烤得很漂亮，
但裡面卻半生不熟。

A 可能的原因有烘烤的溫度太高、或是烘烤時間不足。由於每台烤箱的特性不同，因此烘烤的時間也會多少有所差異。請以指定的烘烤時間為標準，再依照烘烤色澤確認是否烤好。確認方式請遵照各食譜的指示。若是烘烤時間不足，請將上火調弱或是蓋上鋁箔紙等，稍微調整一下防止表面燒焦，然後再進行烘烤。

解答職人：和泉光一

紋理、蓬鬆度
均勻一致。

成功範例

蛋糕平均膨脹成相同高度,在中央形成漂亮的裂痕。
表面呈現恰到好處的金黃色,按壓時有彈性。

失敗範例 1

蛋糕沒有整體均勻膨脹,只有部分隆起凸出,形
成如瑪德蓮蛋糕肚臍般的狀態。脫模後仔細一
看,會發現兩端高度不同且蛋糕體毫無彈性、表
面堅硬。出現稜角也是特徵之一。

沒有彈性硬邦邦

只有部分隆起

紋理、蓬鬆度不均,
色澤偏黃

部分隆起

兩端高度不同

● 原因

失敗範例1的蛋糕體,完全只靠泡打粉膨脹。應
該是在奶油和蛋油水分離時加入麵粉混合,用這
份麵糊烘烤的結果吧。奶油和蛋若沒有充分融合
的話,麵糊就無法平均膨脹,只會有部分隆起。
剛做好時也許是蓬鬆柔軟、口感溼潤的狀態,但
是一到隔天大多就會變得口感乾燥粗糙了。

● 預防對策

避免奶油和蛋油水分離是最重要的關鍵。在奶油
裡加入砂糖攪拌至蓬鬆泛白後,把打散的蛋液分
成5~6次加入,每次加入後都要攪拌融合,變成
乳霜狀之後再繼續加入蛋液。

失敗範例 2

烤好的蛋糕表面整體泛白,摸起來有點潮溼。吃
起來感覺很油,一點也不蓬鬆。

● 原因

應該是攪拌過度導致奶油油水分離吧。表面之所
以會泛白,是因為糖分浮起來的緣故。口感太油
則是源自於奶油分離的油脂。雖然整體平均地膨
脹了,但是蛋糕體本身只靠麵粉凝聚結合,因此
時間一久就會愈來愈乾燥。有時也會因為烘烤溫
度太低而發生這種情況。

● 預防對策

加進奶油裡混合的蛋液,不需要特地分成比食譜
所說更小的分量,最多5~6次即可。把蛋加進奶
油裡後要攪拌均勻。這裡不必拌入空氣,目的是
讓奶油和蛋均勻融合。變成柔滑細緻的乳霜狀之
後就停止攪拌,繼續加入蛋液。

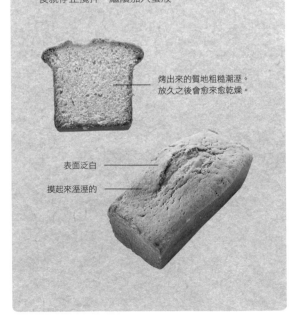

烤出來的質地粗糙潮溼。
放久之後會愈來愈乾燥。

表面泛白

摸起來溼溼的

最接近職人的味道
烘焙材料清單 part ❷

生杏仁膏

在由杏仁粉、糖粉、蛋白混合製成的杏仁膏當中，杏仁的比例是最高的。德文稱作Rohmasse，也就是英文裡的Raw Marzipan。法文名稱是有「生的杏仁糖膏」之意的Pâte d'amandes crue。

糖煮栗子

將義大利、法國產的栗子以糖水慢火熬煮而成。大多帶有香草風味。比起日本的栗子甘露煮來得甜，甜度接近於蜜漬栗子。使用時要先將糖水瀝乾。

果仁糖（杏仁）

將裹上焦糖的杏仁以碾壓機碾碎製成的膏狀食品。口感黏稠且帶有濃郁的堅果風味。也有榛果口味的果仁糖。

開心果泥

把帶有獨特香氣及甜味的開心果用碾壓機碾磨製成的膏狀食品。可加入麵糊或奶油霜中混合。本書使用的是顏色鮮綠的產品。

披覆用巧克力

又稱作糖衣用巧克力，是專門用於表面裝飾的巧克力。不需要調溫，融化後即可使用。和真正的巧克力比起來，風味和融於口中的柔順程度都略遜一籌。

格里奧特櫻桃

櫻桃的一種，製作蒸餾櫻桃酒（Kirsch）的原料。顆粒小、果皮黑，有強烈的甜味與酸味。若買不到冷凍的產品，可用瓶裝或罐頭的酒漬格里奧特櫻桃代替。p.40的食譜若改用瓶裝品或罐頭的話，就不必外準備櫻桃酒，直接使用醃漬櫻桃的櫻桃酒就可以了。

黑醋栗泥、覆盆子泥

將黑醋栗、覆盆子（木莓）以濾網壓成泥狀後再急速冷凍製成的產品。只要解凍就能立即使用，非常方便。因為成分經過調整，大多數產品都會添加10%的糖。

紅茶粉

將紅茶茶葉在不破壞色澤及風味的前提下，研磨成微米單位的細緻粉末。本書使用的是伯爵茶。

抹茶粉

由綠茶茶葉細細研磨而成的抹茶粉。烘焙用的抹茶粉大多會添加能延緩褪色的綠藻。

濃縮咖啡精

咖啡香氣的萃取物。在市面上可找到「Trablit」等品牌。可將即溶濃縮咖啡粉和水以2：1的比例泡成濃咖啡代替。

職 人 的 店

PIERRE HERMÉ PARIS青山
東京都澀谷區神宮前5-51-8
La Porte青山1・2F
TEL 03-5485-7766 HP有

ASTERISQUE
東京都澀谷區上原1-26-16
Tama Techno Building 1F
TEL 03-6416-8080 HP有

Patisserie Paris S'eveille
東京都目黑區自由之丘2-14-5
TEL 03-5731-3230

SWEETS garden YUJI AJIKI
神奈川縣橫濱市都筑區北山田2-1-11
TEL 045-592-9093 HP有

菓子工房Oak Wood
埼玉縣春日部市八丁目966-51
TEL 048-760-0357 HP有

Amy's Bakeshop
東京都杉並區西荻北2-26-8 1F
TEL 03-5382-1193 HP有

A.R.I.
東京都港區南青山5-9-21 2F
TEL 03-5774-8847 Blog有

末廣屋喜一郎
東京都三鷹市井之頭3-15-14
TEL 0422-43-5030 HP有

國家圖書館出版品預行編目資料

世界一流職人的磅蛋糕：32款步驟簡單、味道
不簡單的私藏食譜 / 皮耶.艾曼等著；許倩珮譯.
-- 初版. -- 臺北市：臺灣東販, 2017.09
96面；18.8×25.7公分
ISBN 978-986-475-446-5(平裝)

1.點心食譜

427.16   106013401

日文版STAFF

攝影／
日置武晴（封面、p.3、p.6、p.12～15、p.54～61、p.74）
天方晴子（p.5、p.6、p.36～37、p.74、p.95）
松本祥孝（p.5、p.7～10、p.16～35、p.38～52、p.62～95、封底） 吉澤康夫（p.7）
松川真介（p.8、p.95） 伏見早織（世界文化社寫真部 p.4～6）
白根正治（p.8、p.95）
美術指導／山川香愛
設計／原 真一朗 加納啓善（山川圖案室）
編輯／糸田麻里子（世界文化Creative）
　　　伊藤尚子（世界文化Creative）
校正／株式會社VERITA

ICHIRYU CHEF NO POUND CAKE
© PIERRE HERME/KOICHI IZUMI/
YOSHIAKI KANEKO/YUJI AJIKI/
MASARU OKUDA/HIDEO YOKOTA/
ARI MORIOKA 2016
Originally published in Japan in 2016 by
SEKAI BUNKA PUBLISHING INC.,
Chinese translation rights arranged
through TOHAN CORPORATION, TOKYO.

32款步驟簡單、味道不簡單的私藏食譜
世界一流職人的磅蛋糕

2017年9月1日初版第一刷發行
2021年3月1日初版第四刷發行

作　　者　皮耶・艾曼、金子美明、橫田秀夫、吉野陽美、安食雄二、
　　　　　和泉光一、奧田 勝、森岡 梨、山本次夫、笠岡喜一郎
譯　　者　許倩珮
編　　輯　邱千容
特約編輯　黃嫣容
發 行 人　南部裕
發 行 所　台灣東販股份有限公司
　　　　　＜地址＞台北市南京東路4段130號2F-1
　　　　　＜電話＞(02)2577-8878
　　　　　＜傳真＞(02)2577-8896
　　　　　＜網址＞www.tohan.com.tw
郵撥帳號　1405049-4
法律顧問　蕭雄淋律師
總 經 銷　聯合發行股份有限公司
　　　　　＜電話＞(02)2917-8022
香港總代理　萬里機構出版有限公司
　　　　　＜電話＞2564-7511
　　　　　＜傳真＞2565-5539